Amanda Rosa Olivier Hurtado

Sistemas integrados de produção agro-ecológica Ecossistema de savana(em francês)

Amanda Rosa Olivier Hurtado

Sistemas integrados de produção agro-ecológica Ecossistema de savana(em francês)

Experiência do Núcleo de Desenvolvimento Endógeno "19 de abril" (19 de abril Endogenous Development Centre)

ScienciaScripts

Imprint

Cover image: www.ingimage.com

This book is a translation from the original published under ISBN 978-620-0-01713-0.

Publisher:
Sciencia Scripts
is a trademark of
Dodo Books Indian Ocean Ltd. and OmniScriptum S.R.L publishing group

120 High Road, East Finchley, London, N2 9ED, United Kingdom
Str. Armeneasca 28/1, office 1, Chisinau MD-2012, Republic of Moldova, Europe
Printed at: see last page
ISBN: 978-620-7-40548-0

OBRIGADO

Ao meu Deus Todo-Poderoso, por me ter dado a sabedoria e a paciência para realizar este feito.

Os meus maravilhosos gémeos, Jesus Daniel e José Daniel, pela sua paciência e apoio ao longo dos meus estudos.

Robert Heredia pelos seus conselhos técnicos.

As minhas parceiras Jorgelina e Elizabeth pelas suas valiosas contribuições.

Os membros da cooperativa Kamaropa pela sua inestimável colaboração e ajuda.

Engenheiro Arnaldo Guevara pela sua ajuda incondicional e qualidades humanas.

Muito obrigado a todos vós.

Projeto para propor um sistema integrado de produção agrícola como alternativa agro-ecológica em ecossistemas de savana
como alternativa agro-ecológica em ecossistemas de savana, no núcleo de desenvolvimento
endógeno
"19 de abril". Na cidade de BoKvar, Estado de BoKvar, Venezuela.

Autor : Amanda R. Olivier H.

RESUMO

Os métodos convencionais têm um impacto negativo no ambiente, nomeadamente os recursos naturais. O sistema de produção agrícola do "Nucleo de Desarrollo Endogeno 19 de abril" tem desenvolvido actividades de produção agrícola convencionais que, através de práticas como a desflorestação, a utilização de maquinaria agrícola, o desvio de água, o controlo químico de pragas e doenças, sem preservar a biodiversidade vegetal e outros recursos naturais como a água e o solo, têm conduzido a uma degradação dos recursos naturais sem que se observe qualquer aumento de produtividade. Para alcançar o objetivo de desenhar uma proposta de sistema integrado de produção agrícola como alternativa agroecológica em ecossistemas de savana no Núcleo de Desenvolvimento Endógeno 19 de abril, a metodologia de pesquisa é do tipo projeto ou projeto factível e descritivo, com desenho de campo e documentação, utilizando observação participante, questionários e entrevistas. A amostra foi constituída por sete produtores que trabalham no centro de desenvolvimento endógeno "19 de abril". Após a análise dos resultados, verificou-se a necessidade de promover um novo modelo agrícola que envolva o coletivo em todas as suas dimensões e que contribua para o desenvolvimento de uma agricultura sustentável e para a conservação dos recursos naturais com base em princípios agro-ecológicos. Apresenta-se uma proposta de um sistema integrado de produção agrícola como alternativa agro-ecológica em ecossistemas de savana no núcleo de desenvolvimento endógeno "19 de abril".

Palavras-chave: agroecologia, sistemas integrados, agricultura sustentável.

INTRODUÇÃO

A abordagem convencional da agricultura, outrora valorizada pelo aumento da produtividade, conduziu a um aumento da produtividade.
da produtividade agrícola a produtividade agrícola atingiu uma cobertura
um aumento considerável da oferta alimentar. No entanto, apesar destas conquistas, este modelo tem um impacto no ambiente, nomeadamente nos recursos naturais como as florestas, os solos, a água, a biodiversidade vegetal e animal e a saúde humana.

Nas últimas duas décadas, surgiram várias teorias de desenvolvimento agrícola que propõem relações harmoniosas entre a agricultura e o ambiente, entre as quais se destaca a agroecologia, cujo principal objetivo é otimizar o agroecossistema ou sistema de produção integrado.

A degradação do solo radica em factores económicos, sociais e culturais, bem como numa visão fragmentada ou fragmentadora que conduz a uma sobre-exploração dos recursos e a uma gestão inadequada do solo e da água, resultando na perda de solo e, por conseguinte, da sua produtividade, conduzindo a menores rendimentos da produção agrícola e prejudicando a qualidade de vida das gerações actuais e futuras.

A disponibilidade atempada de informações fiáveis e relevantes sobre o potencial e os limites dos recursos naturais é uma condição prévia para o planeamento e a gestão integrados dos recursos. Em particular, a informação sobre as opções de utilização das terras é essencial para o planeamento de um desenvolvimento agrícola sustentável e, consequentemente, para a conservação dos recursos naturais.

A segurança alimentar a nível local, regional, nacional e global requer um conhecimento profundo dos agro-ecossistemas produtivos. O Estado venezuelano tem desenvolvido políticas e programas que se referem à natureza do processo produtivo, com os aspectos sociais, culturais e tecnológicos que os agricultores têm praticado tradicionalmente ao longo da história. No entanto, é necessário implementar planos de formação e avaliação dirigidos às instituições responsáveis pelo desenvolvimento agrícola.

É por isso que o conceito de sistemas integrados de produção agrícola é de importância estratégica e visa integrar os aspectos sociais, económicos, culturais e legais como alternativas sustentáveis para a produção de alimentos, conduzindo ao desenvolvimento de uma nova forma de agricultura sustentável que seja mais amiga do ambiente, ecologicamente viável e socialmente equitativa.

A abordagem agro-ecológica dos sistemas integrados de produção agrícola permite avaliar os conhecimentos e as competências dos agricultores e identificar o potencial que adquiriram através da aplicação de técnicas tradicionais ao longo de séculos para ultrapassar as limitações dos seus agro-ecossistemas produtivos e atingir os objectivos de produção.

O objetivo desta investigação é conceber uma proposta de sistema integrado de produção agrícola como alternativa agro-ecológica em ecossistemas de savana, servindo de espaço de aprendizagem e integração entre os vários componentes que o constituem, de avaliação e melhoria das capacidades humanas e de otimização, utilização, defesa e proteção dos recursos internos disponíveis para a unidade de produção.

Por isso, é importante propor alternativas para melhorar a atividade agrícola em harmonia com a natureza, onde as famílias, comunidades ou organizações se adaptam à sua realidade, quer para corrigir as suas próprias fraquezas, quer para aumentar os seus bens e/ou riqueza, utilizando uma série de ferramentas que visam sempre o equilíbrio e a complementaridade entre produção e proteção.

É importante salientar a necessidade de um modelo de desenvolvimento agrícola que proteja os recursos naturais, assegure a produção agrícola e uma agricultura sustentável através da implementação de alternativas que mantenham o equilíbrio e a interdependência entre as diferentes componentes dos sistemas de produção, contribuindo assim para a soberania alimentar dos nossos povos.

A metodologia utilizada foi descritiva e projectiva. Foi concebida de forma a ser exequível, tendo sido utilizados como instrumentos de conceção a pesquisa de campo e a pesquisa documental; Os instrumentos e técnicas de recolha de dados foram o guião de observação, o inquérito, a entrevista e o questionário, para a caraterização participativa física e natural da área de estudo, a descrição dos aspectos económicos, sociais e técnico-produtivos do Núcleo de Desenvolvimento Endógeno "19 de abril", bem como as As condições agro-produtivas da zona.

O principal objetivo deste trabalho de investigação é transformar uma realidade concreta de diagnóstico no sistema de produção agrícola do NUDE "19 de abril" e assim contribuir para a proteção dos recursos naturais e para o desenvolvimento de um modelo agrícola sustentável, delineando uma proposta de sistema integrado de produção agrícola como alternativa agro-ecológica em ecossistemas de savana, contribuindo por sua vez para a soberania e segurança alimentar.

O desenvolvimento do trabalho de investigação foi estruturado em VI capítulos. O capítulo I apresenta o problema, os objectivos da investigação, a justificação do estudo, a caraterização e as vantagens da zona de estudo. O capítulo II apresenta o contexto da investigação, os referenciais teóricos relacionados com a agricultura e a degradação ambiental e a nova visão de uma abordagem renovada da agricultura. abordagem renovada da agricultura, a agroecologia, a base jurídica onde se insere o quadro jurídico agrícola e a e alguns conceitos que sustentam esta proposição.

O capítulo III refere-se à metodologia de investigação, indicando a natureza e a estrutura do estudo, bem como os instrumentos e técnicas utilizados para a recolha de dados, a operacionalização das variáveis e a fiabilidade e validade dos instrumentos utilizados para as diagnosticar. O capítulo IV é dedicado à análise e interpretação dos resultados da investigação, aos diferentes indicadores avaliados para caraterizar a área de estudo e à sua análise através de quadros e gráficos de barras e, finalmente, o capítulo V às conclusões do estudo e o capítulo VI à formulação e conceção da proposta. Por fim, é apresentada uma lista de referências bibliográficas.

CAPÍTULO 1

PROBLEMA

1.1 QUESTÕES

o desenvolvimento agrícola do país, no quadro do modelo de produção agrícola convencional ou da "revolução verde", tornou-se cada vez mais improdutivo e dependente de recursos externos ; a grave degradação dos vários ecossistemas e dos seus recursos naturais, resultante da aplicação de técnicas convencionais de produção agrícola, está amplamente comprovada (Comerma e Paredes, 1998), o que torna ainda mais necessária a procura de estratégias de desenvolvimento produtivo que combinem o crescimento económico com a equidade social e que, por sua vez, não comprometam o potencial produtivo destas formações vegetais, onde o homem e a natureza possam coexistir numa unidade sustentável e harmoniosa.

As abordagens de investigação e os projectos de desenvolvimento no sector agropecuário são fragmentados, com tecnologias que exploram ao máximo os recursos naturais, e centram-se exclusivamente na rentabilidade económica, sem ter em conta o equilíbrio ecológico e as necessidades da comunidade. De acordo com Centeno (2000), 40% dos

As florestas naturais da Venezuela estão sujeitas a um desenvolvimento agrícola, no qual o homem está fortemente envolvido na procura de alargar as fronteiras agrícolas, sem ter em conta os aspectos fundamentais que contribuem para a preservação do ambiente e para a satisfação das necessidades humanas.

A abordagem de desenvolver projectos agrícolas de acordo com um modelo agrícola convencional, totalmente isolado da realidade e das necessidades das comunidades, tem conduzido a uma série de degradações ambientais e sócio-produtivas, como mostra o exemplo do núcleo de desenvolvimento endógeno "19 de abril", onde um projeto agro-produtivo tem sido desenvolvido desde 2005 numa área de ecossistemas de savana onde têm sido aplicadas práticas agrícolas convencionais, Os recursos naturais que caracterizam este tipo de vegetação têm sido afectados principalmente pela desflorestação, pelo uso descontrolado de máquinas agrícolas, pelo desvio de cursos de água e pelo controlo químico de pragas e doenças, sem que tenham sido introduzidas técnicas de conservação de plantas e animais e sem que se tenha observado um aumento da produtividade e, consequentemente, uma melhoria das condições de vida dos produtores agrícolas.

A contínua destruição de savanas e outras áreas naturais para a expansão de terras agrícolas é um tema central de discussão para organizações como a Organização das Nações Unidas para a Alimentação e Agricultura (FAO)[1] , que afirma que é necessário promover mecanismos para fortalecer um novo modelo de desenvolvimento agrícola que preserve a terra, água, os recursos genéticos vegetais e animais, que não prejudique o ambiente, que seja economicamente viável e socialmente aceitável e que garanta a segurança alimentar, a equidade, a estabilidade social e a participação das populações no processo global de desenvolvimento.

Nunez (2002) observa que, para promover o novo modelo de produção de desenvolvimento agrícola do país, é necessário estudar a agricultura alternativa e estratégica ou mudanças de paradigma como a agroecologia que

O estudo baseia-se nos sistemas integrados de produção agrícola, que são uma abordagem às orientações do que é e deve ser um modelo de desenvolvimento agrícola sustentável, em que os aspectos ambientais, sociais, económicos, culturais, técnicos, produtivos e históricos do nosso meio ambiente são tidos em conta e os riscos ambientais são reduzidos, mantendo a base produtiva da agricultura no nosso meio ambiente. modelo de desenvolvimento agrícola sustentável, em que os aspectos ambientais, sociais, económicos, culturais, técnicos, produtivos e históricos do nosso ambiente são tidos em conta e os riscos ambientais são reduzidos, mantendo ao mesmo tempo a base produtiva da agricultura ao longo do tempo.

A agroecologia permite analisar e organizar um novo modelo de agricultura e de desenvolvimento rural. Um dos seus principais contributos é permitir o desenvolvimento de propostas de ação social colectiva para desafiar a lógica predatória do modelo de produção agrícola capitalista e substituí-lo por um modelo que vise uma agricultura socialmente justa e ecologicamente sustentável (Gliessman, 2002).

A agroecologia tem em conta a degradação dos recursos naturais nos agrossistemas e propõe uma nova racionalidade e eficácia para as diferentes técnicas e acções locais que contribuem para a degradação dos modelos agrícolas.
convencional, pelo seu efeito transformador em técnicas e práticas diferenciadas numa nova

[1] Avaliação dos solos para a agricultura de regadio. Conferência em Roma. 1999.

teia de produção (Sevilha, 2001).

É de salientar que, desde 2006, o Ministério do Poder Popular para a Economia (MINEP), através do Gabinete de Acompanhamento e Avaliação das Políticas Públicas para o Desenvolvimento Socioeconómico do País e a Aceleração de um Novo Modelo Produtivo, começou, no âmbito da implementação de um novo sistema económico, a promover os Nós de Desenvolvimento Endógeno (NUDE), que oferecem apoio ao desenvolvimento do potencial agrícola nas suas regiões (Jornal Oficial 38.370 de quarta-feira, 1 de fevereiro de 2006).

O núcleo de desenvolvimento endógeno (NUDE) "19 de abril" foi criado na aldeia agrícola com o mesmo nome, no município de Heres, sob a forma de uma cooperativa social denominada Kamaropa 9898, lançada pela missão Vuelvan Caras, que se propôs desenvolver um projeto de produção agrícola baseado na agricultura convencional, Aplicação de uma série de técnicas agrícolas num ecossistema de savana de 29 hectares, considerado uma formação vegetal particularmente sensível ao meio ambiente devido às suas características ecológicas, e cujo equilíbrio natural está a ser perturbado pelos efeitos das actividades humanas.

Assim, pretende-se realizar um novo planeamento que envolva todos os actores envolvidos nos processos de desenvolvimento agrícola, com o objetivo de substituir a agricultura convencional pela agricultura de conservação, de modo a que esta proposta de trabalho possa contribuir significativamente para os processos de planeamento do desenvolvimento agro-produtivo do país.

A conceção de um projeto de desenvolvimento agrícola deve ter sistematicamente em conta as características económicas, sociais, ambientais e técnico-produtivas, bem como os aspectos físicos e naturais que constituem os pilares da sustentabilidade e que devem orientar as mudanças que contribuem para o desenvolvimento real de uma agricultura mais humana:

O modelo de desenvolvimento agrícola convencional tem impacto na degradação do ecossistema da savana no núcleo de desenvolvimento endógeno "19 de abril"?

Os produtores foram envolvidos no processo de tomada de decisão relativo ao desenvolvimento do projeto agrícola nesta zona de produção?

O ecossistema da savana reúne as condições agro-produtivas para a implementação de um projeto de desenvolvimento agrícola convencional?

1.2 OBJECTIVOS DA INVESTIGAÇÃO

1.2.1 Objetivo geral

Projeto para propor um sistema integrado de produção agrícola em ecossistemas de savana como alternativa agro-ecológica para promover a agricultura sustentável no Centro de Desenvolvimento Endógeno 19 de abril, Parroquia Jose Antonio Paez Município" Heres no Estado de BoKvar.

1.2.2 Objectivos específicos :

Caracterizar a parte física e natural da cidade de uma forma participativa agncoladel Sistema de produção do Núcleo de Desenvolvimento Endógeno" 19 de abril

Descrever os aspectos económicos, sociais e produtivos do sistema de produção agrícola do Núcleo de Desenvolvimento "19 de abril".

Conhecimento das condições agro-produtivas do sistema de produção agrícola do Nucleo de Desarrollo Endogeno "19 de abril".

1.3 JUSTIFICAÇÃO DO ESTUDO

Neste sentido, esta investigação propõe-se diagnosticar e demonstrar as condições agro-produtivas do Núcleo de Desenvolvimento Endógeno 19 de abril, no ecossistema de savana, e propõe a sua transformação através do desenho de um sistema integrado de produção agrícola, como alternativa agro-ecológica que permita conservar esta formação vegetal e os recursos naturais existentes, e contribuir para o desenvolvimento agrícola, articulado com os processos de proteção da natureza e de produção de bens e serviços ambientais, bem como de preservação das espécies locais fortemente afectadas pela atividade agrícola convencional, e que satisfaça necessidades sociais essenciais que ultrapassam a simples sobrevivência biológica da espécie humana, ao mesmo tempo que resolve as necessidades de produção agrícola da região.

Para contribuir para o sucesso da formulação do projeto de sistema integrado de produção agrícola como alternativa agro-ecológica, pretende-se reorientar as práticas que serão desenvolvidas, trocando ou combinando a parte científica e técnica com os conhecimentos ancestrais, e promover ou incentivar novas atitudes no seio do coletivo participativo e, por sua vez, desenvolver uma nova abordagem integrada do ecossistema natural humano, melhorando assim a qualidade de vida e travando a degradação dos recursos naturais; isto irá gerar consequências e impactos positivos nas actividades produtivas.

O conhecimento das condições agro-produtivas e dos aspectos económicos, ambientais, sociais e produtivos do Núcleo de Desenvolvimento Endógeno "19 de abril" permite implementar o enfoque agro-ecológico de acordo com as necessidades do meio ambiente, como uma ciência inovadora e holística que destaca a gestão alternativa da agricultura e apoia a transição para práticas agrícolas sustentáveis.

1.3 CARACTERIZAÇÃO DA ÁREA DE ESTUDO

1.3.1 SITUAÇÃO

O NUDE "19 de abril" está localizado na colónia camponesa 19 de abril, no município de José Antonio Paez, município de Heres, no quilómetro 11 da estrada que liga Ciudad BoKvar a Puerto Ordaz. Tem uma superfície de 29 hectares, num ecossistema de savana com floresta de galena e uma massa de água natural, com solos arenosos e argilosos e uma topografia relativamente plana, a uma altitude de 78 metros acima do nível do mar.

A área em que se situa a zona de estudo caracteriza-se por um período seco de janeiro a junho e um período chuvoso de julho a dezembro, com uma precipitação média anual de 800 mm e uma temperatura média de 29°C, de acordo com a estação meteorológica da força aérea militar boliviana em Ciudad BoKvar. Segundo Comerma e Paredes (1998), os solos são *classificados* como *tipicamente haplustos,* muito susceptíveis à erosão e muito pedregosos.

O acesso ao sistema de produção agrícola do Nucleo de Desarrollo Endogeno 19 de abril faz-se pela entrada principal da aldeia agrícola 19 de abril, situada no quilómetro 9 da autoestrada Ciudad BoHvar Puerto Ordaz. O acesso é feito através de um troço de estrada alcatroada de cinco quilómetros, seguido de um troço de terra batida de três quilómetros na mesma estrada.

O NUDE 19 de abril foi criado com a participação de 14 membros, onze mulheres e três homens, organizados sob a forma de uma cooperativa, da qual fazem parte atualmente sete membros. É de salientar que a atividade agrícola faz parte do quotidiano e da estratégia de vida deste coletivo e que esta área nunca foi cultivada ou explorada. Em 2004, iniciou-se o processo de relocalização e de desmatação das terras para a implementação de um projeto de desenvolvimento agrícola segundo uma abordagem convencional.

A figura 1 mostra a situação relativa nacional, regional e local da unidade de estudo e alguns pontos de interesse onde se desenvolveram actividades agrícolas, como a plantação e cultivo de algumas culturas como a *mandioca* (*Manihot esculentum*), árvores de fruto como a lechosa (*Carica papaya)* e a parchita (*Passiflora edulis)*, plantas musáceas e a construção de infra-estruturas de apoio à produção como as maternidades de frangos e o tanque australiano.T.M.-Coordenadas da posição geográfica da unidade de estudo no sistema REGVEN, obtidas com um sistema de posicionamento geográfico ou um GPS do tipo eXplorist500

Figura 1 Situação do sistema de produção agrícola NUDE 19 de abril.
Fonte: Compilado por INTI BoKvar 2008

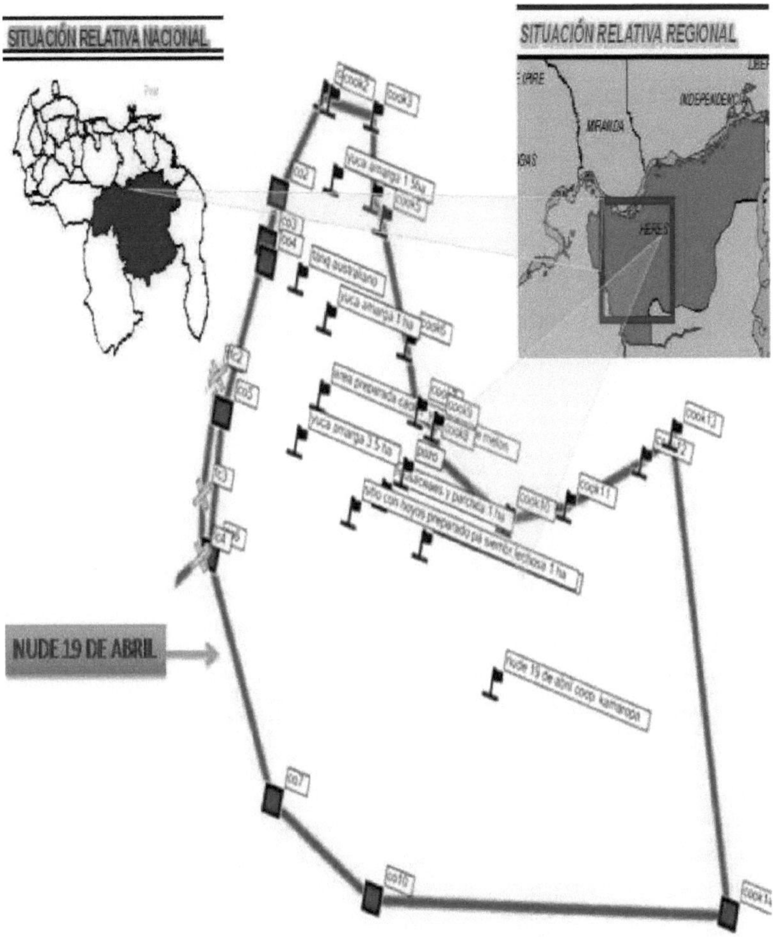

Responsáveis pela unidade de estudo.

Norte: rio Marhuanta.

Sul: Autoestrada Ciudad BoHvar-Puerto Ordaz.

Leste : Caseno" Chaparral".

Oeste: terras não cultivadas.

Tabela 1. Coordenadas da U.T. M Localização geográfica do sistema de produção agrícola do NUDE 19 de abril.

Pontos	Dados de contacto da U.T. M	
	Norte	Este
Co 1	309151	819575
Co 2	308921	820539

Co 3	309480	820602
Co 4	309382	820823
Co 5	309360	820856
Co 6	309661	820872
Co 7	309898	821296
Co 8	309362	820966
Co 9	309564	821272
Co 10	309868	823523
Co 11	309689	824256
Co 12	309866	826589
Co 13	309989	828162
Co 14	319789	826972

Fonte: INTI Bolivar 2008

Vantagens da unidade de estudo para a realização do inquérito :

- A realidade local, o seu potencial, os seus problemas e as suas necessidades são conhecidos.

- Conhecemos o contexto do desenvolvimento agro-produtivo do sistema de produção agrícola.

- É facilmente acessível.

- O desejo de certos produtores agrícolas de apoiar e participar na investigação.

No capítulo III são fornecidos mais pormenores para uma caraterização completa.

CAPÍTULO II

QUADRO TEÓRICO

2.1 . Antecedentes do inquérito

A informação de base refere-se a investigações anteriores efectuadas sobre o tema em estudo. Foram analisados os seguintes trabalhos.

Chauran, Nieves e Gomez (2001), investigadores do Departamento de Economia Agrária e Ciências Sociais da Faculdade de Engenharia Agrícola da Universidade de Oriente Nucleo Monagas, identificaram os componentes agro-ecológicos, sócio-económicos e técnicos da produção, bem como as suas inter-relações e influências mútuas, no âmbito da sua investigação sobre os sistemas locais de produção agrícola, suas inter-relações e influências mútuas, para alcançar o objetivo de caraterizar os sistemas convencionais de produção agrícola na localidade de La Guanota, no município de Caripe, no estado de Monagas, através de uma pesquisa descritiva e de campo, para a qual os dados foram recolhidos através de um inquérito a toda a população, representada por 39 produtores.

Foi elaborado um diagnóstico geral da zona e foi descrita a atividade agrícola desenvolvida, tendo em conta os aspectos sociais dos produtores e os aspectos agronómicos, ambientais, tecnológicos e económicos das culturas em causa. Os resultados mostram que os sistemas de produção consistem na cultura da cebola, do cebolinho e de outras culturas.

(*Allium* schaenoprasum), aipo espanhol (*Apium graveolens*, var Dulce L), alface (*Lactuca sativa*), coentros *(Coriandrum sativum* L), entre outros, 89,7% dos produtores entrevistados eram homens, o trabalho agronómico era realizado manualmente, 94,9% aplicavam fertilizantes e/ou pesticidas nas suas culturas, 87,2% dos produtores vendem os seus produtos a camionistas.2% dos produtores vendem os seus produtos a camionistas; afirmam que o nível de tecnologia na zona é muito baixo e, em alguns casos, rudimentar. Constatou-se que este problema existe e sugeriu-se que o nível de tecnologia na zona é muito baixo e, em alguns casos, rudimentar, 2% dos produtores vendem os seus produtos a camionistas e afirmam que o nível de tecnologia na zona é muito baixo e, em alguns casos, rudimentar. Constatou-se a existência deste problema e propôs-se a estratégia de utilização de sistemas integrados de produção agrícola como alternativa para melhorar a qualidade de vida destes produtores.

A contribuição deste trabalho para o presente estudo é ter facilitado a compreensão do diagnóstico da unidade de produção no que diz respeito aos aspectos ambientais, sociais e técnicos da produção como elementos fundamentais que constituem o objeto de estudo.

Sarmiento, em 2007, no seu trabalho institucional intitulado Conservação e sistemas de produção agro-ambientais na área de influência do Guavio, com o objetivo de caraterizar os sistemas agro-produtivos da zona rural do Guavio no departamento de Cundinamarca na Colômbia, no âmbito do acordo sobre o património natural - CORPOGUAIVO-EMGESA, foram realizados trinta e quatro inquéritos aos produtores nas proximidades da barragem nos municípios de Gachala, Gama e Ubala. Para a recolha de informação foi necessário ir ao encontro de produtores dinâmicos, proponentes e colaboradores, utilizando a abordagem sistémica como método que forneceu informações sobre todas as componentes dos sistemas agro-produtivos, as interacções existentes, os desequilíbrios e as potencialidades dos sistemas de produção agrícola.

Para facilitar o estudo e a compreensão das actividades agrícolas, os diferentes sistemas de produção foram divididos em três sistemas: pecuária, produção mista e arboricultura. Os resultados mostraram que os sistemas de produção integrada permitem organizar e gerir as práticas agrícolas tendo em conta a proteção do ambiente. Concluiu-se que os sistemas de produção agrícola integrada permitem combinar uma vasta gama de actividades, objectos de produção e objectivos, uma vez que permitem o maior número de interacções entre o número de componentes do sistema identificados.

Os contributos desta investigação são que a revisão deste trabalho contribuiu para uma aproximação à realidade do Nucleo de Desarrollo Endogeno "19 de abril" através da abordagem sistemática bem como do critério de divisão da área de estudo para facilitar o estudo e compreensão da mesma.

Neste sentido, a equipa de investigação interdisciplinar sobre sistemas de produção pecuária, florestal e aquícola, reconhecida, consolidada e com a sociedade e instituições nacionais, que propõe soluções para as necessidades de melhoria dos sistemas produtivos do país do México, sob a direção do Dr. Clemente Fernando, em 2008, desenvolveu um trabalho de investigação intitulado Sistemas de produção agrícola, florestal, aquícola e faunística para a recuperação, conservação e sustentabilidade dos recursos naturais na cidade de San Luis Potosi. Em 2008, sob a direção do Dr. Clemente Fernando, foi desenvolvido um trabalho de investigação intitulado Sistemas de produção agrícola, silvicultura, aquicultura e vida selvagem para a recuperação, conservação e sustentabilidade dos recursos naturais na cidade de San Luis Potosi, conservação e sustentabilidade dos recursos naturais na cidade de San Luis de PotosL, cujo objetivo é gerar informações para a implementação e operação de sistemas de produção sustentáveis e integrados como alternativas para aumentar o nível de produção, melhorar o padrão de vida dos produtores e da sociedade em geral. Sociedade em geral.

Através de uma metodologia de campo, foram criadas parcelas de demonstração em 12 unidades de produção, com a participação de 42 produtores e 5 investigadores, com o objetivo de avaliar o potencial produtivo de culturas alternativas em relação à qualidade da rega com água da chuva e desenvolver métodos limpos, ecológicos e éticos para melhorar a eficiência produtiva. Os resultados obtidos permitiram desenvolver alternativas para melhorar a eficiência alimentar e introduzir sistemas integrados de produção agrícola como estruturas alternativas de produção, uma vez que o desenvolvimento agrícola requer uma nova abordagem para satisfazer as necessidades alimentares que seja socialmente equitativa, ecológica e economicamente sustentável e, acima de tudo, culturalmente aceitável.

A contribuição deste trabalho para a presente investigação é que, para o estudo de alternativas de produção agrícola, são utilizados instrumentos de investigação participativa e métodos de investigação qualitativa, tais como entrevistas, diagnóstico e análise sistémica, porque ajuda a colocar os participantes no centro do desenvolvimento e ajuda a cumprir os seus objectivos, que é a importância da participação da comunidade na elaboração de uma proposta de desenvolvimento agrícola, bem como a necessidade de diagnosticar, caraterizar e compreender todos os aspectos das unidades de produção para determinar as suas potencialidades e recursos, e a análise sistémica para compreender as diferentes componentes e as suas interacções, necessárias para a criação de um sistema integrado de produção agrícola.

La Roche (2006). O seu trabalho, intitulado 'Caracterização das estratégias de subsistência, tecnologias e práticas de produção agrícola das famílias rurais em Esparza, Costa Rica', visava caraterizar as estratégias de subsistência e as tecnologias de produção agrícola das famílias rurais em Esparza, Costa Rica, como parte do projeto 'Abordagem agro-produtiva integrada para a gestão do ecossistema'. A abordagem dos meios de subsistência foi utilizada para identificar e analisar o capital das famílias rurais. Os instrumentos utilizados para recolher informação incluíram questionários, observação participante, entrevistas a informadores-chave e triangulação em agregados familiares rurais numa zona de floresta tropical.

Os resultados reflectem a homogeneidade das actividades nas áreas de negócio produção agrícola sem qualquer forma de diversificação, seja para autoconsumo ou orientada para o mercado, sem qualquer forma de orientação ou aconselhamento técnico, não pertencem a qualquer organização social, os membros das famílias rurais têm mais de 40 anos, indicando um certo envelhecimento das famílias rurais, o que se repercute no empenho e interesse pelas actividades agrícolas, a utilização e manutenção dos sistemas de produção agrícola, o que leva a concluir que é importante conhecer as estratégias de vida das comunidades e os elementos sócio-produtivos que contribuem para a recuperação dos solos degradados, o aumento da biodiversidade de espécies vegetais e animais e de outros recursos naturais e, sem dúvida, a melhoria dos rendimentos, a fim de estabelecer sistemas de produção respeitadores do ambiente.

Neste sentido, a contribuição deste trabalho de investigação para o estudo reflecte a importância do conhecimento das práticas de produção agrícola e do seu impacto no ambiente, bem como o conhecimento das diferentes estratégias de vida das famílias rurais em diferentes partes do país. Em diferentes alturas do anoAno.

Na Venezuela, a formação ministrada desde 1970 nas escolas e universidades nem sempre preparou os profissionais do sector agrícola para compreender a racionalidade dos agricultores, centrando-se na aplicação dos conceitos e técnicas da Revolução Verde, o que os impediu de compreender a abordagem holística e de desenvolver conceitos e instrumentos adaptados à realidade dos agricultores.

Na Venezuela, o modelo agro-ecológico tem vindo a progredir desde 2004 e está a desenvolver programas educativos e produtivos que correspondem às estratégias de um modelo de produção socialista .
No âmbito do Plano Nacional de Desenvolvimento Económico e Social 20072013, a Universidade Bolivariana da Venezuela, com a criação do programa de formação em agroecologia, formou 156 especialistas em produção agroecológica de nível técnico[2] , a maioria dos quais está empregada em instituições públicas responsáveis pelo

[2] Estatísticas do programa agroecológico da UBV a nível nacional. 2009

desenvolvimento agrícola, como a Fundação para a Formação e Inovação de Apoio à Revolução Agrária (Ciara), que apoiou vários projectos agrícolas com o enfoque agroecológico em alguns estados do país, como BoHvar, Zulia e Lara.

2.2 REFERÊNCIAS TEÓRICAS

2.2.1 Agricultura convencional e destruição do ambiente

A Venezuela é um dos oito (8) países do mundo com maior diversidade biológica, e a maior parte desta diversidade vegetal e animal encontra-se nas florestas naturais do país. A destruição e a degradação das florestas venezuelanas para expandir as terras agrícolas tornaram-se uma ameaça à estabilidade ecológica dos ecossistemas, levando a uma redução da matéria orgânica do solo e da biodiversidade.

Nos últimos anos do século XX, perderam-se cerca de 6 milhões de hectares de floresta na Venezuela, principalmente nos estados de Barinas, Portuguesa, Monagas e BoHvar. De acordo com Centeno (2000), a maior parte desta perda deve-se à conversão de florestas em terras aráveis ou ao desenvolvimento de projectos agrícolas no âmbito de uma abordagem agrícola convencional; no entanto, não existem estatísticas fiáveis sobre a destruição de florestas na Venezuela.

A expansão das fronteiras agrícolas na Venezuela representa uma ameaça permanente para as florestas remanescentes, uma vez que a produção de alimentos deve ser aumentada principalmente através da agricultura.
expansão das terras agrícolas, em vez de depender cada vez mais de uma maior produtividade por unidade de superfície nas terras agrícolas existentes, ou da aplicação de técnicas de conservação e proteção dos recursos naturais ao desenvolvimento agrícola (Nunez, 1999).

Durante as décadas de 70, 80 e 90, o modelo conhecido como "revolução verde", que sustentou a agricultura convencional, deixou um legado desastroso, uma vez que as políticas seguidas pelas instituições ou organizações responsáveis pelo desenvolvimento agrícola não conseguiram reduzir a pobreza e a fome no campo, particularmente nos países conhecidos como Terceiro Mundo, Segundo Casado (1997), as técnicas de desenvolvimento agrícola não foram adaptadas às necessidades e potencialidades dos agricultores porque a implementação tecnológica se baseou numa abordagem analítica da parcela e rompeu com a visão orgânica da natureza como entidade viva, considerando a terra como uma máquina e desligando o processo agrícola da sua ligação com os outros elementos do ecossistema.

Gliessman (2002) apresenta uma panorâmica de alguns dos danos ambientais causados pela agricultura convencional. Eis alguns exemplos: a lavoura intensiva levou a uma perda de 5 a 10 t/ha/ano na Ásia e na América Latina devido à erosão eólica e hídrica, e esta perda atinge 30 t/ha/ano em África. A agricultura convencional revelou-se insustentável devido ao elevado custo dos seus factores de produção, aos problemas tecnológicos e de produção que coloca e aos problemas ambientais, sociais e culturais que gera (Leyva e Pohlan, 2000).

A agricultura convencional nas florestas conduz a uma simplificação da biodiversidade, a uma modificação do ciclo da água e à erosão dos solos através do desenvolvimento de monoculturas que tornam as plantas vulneráveis a pragas e doenças, conduzindo a uma produção artificial que exige uma intervenção humana constante. Na maioria dos casos, esta intervenção assume a forma de utilização de agroquímicos, que não só aumentam os rendimentos como também acarretam uma série de custos ambientais e sociais indesejáveis (Altieri, 1997).

Com a modernização progressiva da agricultura, os princípios
Os sistemas agro-ecológicos são constantemente subestimados. Como resultado, os agro-ecossistemas modernos são instáveis e o seu colapso reflecte-se em epidemias recorrentes de pragas em muitos sistemas de cultivo e na produção alimentar.

também sob a forma de salinização, de erosão dos solos, de poluição das águas, de destruição das florestas, etc.

Segundo Altieri e Letourneau (1994), o agravamento da maioria dos problemas relacionados com as pragas tem sido experimentalmente associado à extensão das monoculturas em detrimento da diversidade vegetal, que muitas vezes fornece serviços ecológicos importantes para a proteção das culturas.

Muitos investigadores, incluindo Altieri, Restrepo, Rosset e Gliessman, mostraram que, embora a "revolução verde" tenha aumentado a produtividade de um pequeno número de agricultores com grandes áreas de terra e acesso ao crédito, não conseguiu superar as suas consequências para o ambiente e os rendimentos da grande maioria dos pequenos agricultores, As consequências para o ambiente e para os rendimentos da grande maioria dos pequenos agricultores foram negativas, uma vez que a utilização de sementes de elevado rendimento substituiu um maior número de variedades tradicionais, corroendo a biodiversidade das culturas e exigindo a utilização de grandes quantidades de fertilizantes inorgânicos e pesticidas, o que levou à contaminação química do solo, da água e das pessoas.

Esta diminuição dos rendimentos e o aumento dos custos dos factores de produção são factores que levaram a Organização das Nações Unidas para a Alimentação e a Agricultura (FAO. 1998) a concluir, no final do século XX, que era necessária uma nova abordagem da agricultura do ponto de vista social e ambiental.

A agricultura concentra uma parte da população com as maiores desigualdades e, uma vez que é a fonte de uma grande parte da produção alimentar, é também a fonte da produção de alimentos.
Além disso, a utilização crescente de culturas alimentares está a contribuir significativamente para a desestabilização do ambiente, a redução da capacidade produtiva dos solos através da erosão e da desertificação, a perda de biodiversidade e outros problemas. As actividades agrícolas convencionais e as ligadas ao fornecimento de factores de produção, bem como outras actividades da população rural, também têm um impacto nesta crescente degradação ambiental, particularmente nos elementos que compõem o ecossistema, como as florestas naturais (Restrepo, 2000).

Medidas como a queima de florestas para a abertura de novas terras agrícolas, a queima de savanas ou de resíduos de culturas, a utilização de pesticidas e a aplicação de fertilizantes azotados aumentaram, contribuindo para 17% das emissões mundiais de dióxido de carbono e, por conseguinte, para a poluição (Casado, 2004).

A destruição acelerada dos ecossistemas para o desenvolvimento das terras agrícolas está a causar graves problemas de erosão dos solos, processos acelerados de desertificação, salinização e perda de biodiversidade, alteração dos sistemas de ventos e dos padrões de precipitação, e a acumulação de dióxido de carbono na atmosfera aumentará devido aos efeitos das queimadas nas florestas (Kaimowitz, 1997).

Casado (1999) salienta que a perda de biodiversidade é outro efeito importante da atividade agrícola convencional em áreas naturais como os ecossistemas de savana, uma vez que as variedades locais são substituídas por variedades de alto rendimento que foram e estão a ser desenvolvidas por centros de investigação e que geralmente requerem uma elevada utilização de produtos químicos para atingir o seu potencial.

Para criar campos agrícolas ou desenvolver projectos agrícolas, foram destruídas fileiras de árvores nas bordas das florestas de galena e noutros locais para dar lugar às máquinas agrícolas necessárias a este tipo de desenvolvimento da agricultura convencional, o que acelera os processos de erosão e reduz a infiltração da água no solo, bem como a biodiversidade, em particular as aves e os insectos que combatem os parasitas das plantas, e provoca o desaparecimento de parte da fauna e da biodiversidade úteis por dispersão e migração (Suquilanda 1999).(Suquilanda 1999).

É necessário criar um modelo de produção agrícola mais humano, solidário e comunitário, capaz de acolher e conjugar os saberes da população para difundir uma consciência social, ecológica e solidária da natureza e garantir a preservação das gerações futuras, pondo em prática novas propostas políticas, tecnológicas, sociais, culturais e educativas que ajudem a promover uma nova ética de produção baseada no naturalismo humanista, a agroecologia (Rodriguez, 2007).

2.2.2 O regresso à agricultura biológica: uma nova visão

Desde os anos 60, quando se iniciou o declínio dos processos de produção agrícola, impulsionado pelos conceitos científicos e técnicos da "revolução verde", ressurgiram várias teorias que visavam a harmonia entre a agricultura e o ambiente O desenvolvimento de uma série de práticas agrícolas que visavam atenuar os vários problemas causados pela agricultura convencional incidiu, em geral, sobre a organização da produção, a sua base social e, em particular, os valores culturais e ambientais, ignorando durante muito tempo a importância dos factores ambientais para o funcionamento e manutenção do sistema económico e social. (Garda, 2004).

Face a um mundo dominado por um modo de vida superficial e alienado, baseado no mercado como medida global, no individualismo, na sobreprodução, no consumo e na utilização mercantil da ciência e da tecnologia, é necessário impor um mundo baseado numa lógica humana e ecológica que tenha em conta todas as interacções entre a sociedade e a natureza. Para isso, é necessário repensar todo o sistema de produção agrícola convencional, cujo modelo está claramente decadente, e promover um sistema que rompa com as estruturas locais, nacionais e internacionais e que se adapte melhor às realidades do nosso tempo (Guzman, 2000).

As estatísticas e a vida quotidiana reflectem uma abordagem baseada nos factos do dia a dia, com uma abordagem preocupante dos níveis críticos deste problema, sendo evidente a ineficácia das medidas políticas tomadas no passado, pelo que se considera adequado abordar o problema a partir de uma abordagem holística da causalidade do problema e dos seus fundamentos, entre os quais se destaca o desenvolvimento rural, baseado na produção alimentar e na componente rural do subsistema de consumo, correspondendo assim aos determinantes das fases inicial e final do sistema de segurança alimentar.

A abordagem mecanicista e reducionista do modelo da Revolução Verde, que tem prevalecido até agora e tem sido utilizada principalmente em projectos de desenvolvimento agrícola, revelou-se insuficiente para resolver a complexidade dos agro-ecossistemas e está a ser posta em causa por vários sectores, É necessária uma abordagem alternativa ao desenvolvimento agrícola convencional, baseada num paradigma mais centrado nas necessidades humanas e que tenha em conta os sistemas sociais e ambientais, bem como numa abordagem da agricultura mais respeitadora do ambiente e da sociedade, centrada não só na produção mas também na sustentabilidade ecológica do sistema agrícola.

Face ao exposto, devemos tentar interpretar as razões de uma nova forma de agricultura cujo princípio científico é a agroecologia, cuja abordagem se baseia numa visão global e multidisciplinar que combina perspectivas socioeconómicas e técnicas com a conceção, gestão e desenvolvimento do sistema de produção com a sua base social e cultural existente, implementando a utilização de técnicas de baixo consumo e produzindo uma nova epistemologia participativa com um carácter poético (Funtowic, 1994).

De acordo com Gliessman (2002), a agroecologia está a tornar-se a ciência fundamental para passar dos sistemas de produção convencionais (monoculturas dependentes de insumos agroquímicos) para sistemas diversificados e auto-suficientes. A agroecologia utiliza princípios ecológicos que favorecem os processos naturais e as interacções biológicas, optimizando as sinergias para que a agrobiodiversidade seja capaz de apoiar processos-chave como a acumulação de matéria orgânica, a fertilidade do solo e a produtividade das culturas.

Nesse sentido, a agroecologia é uma abordagem diferente, pois é um paradigma científico integrador que faz parte de um modo de vida alternativo que resgata e valoriza os conhecimentos socioecológicos e ancestrais num diálogo intercultural, transdisciplinar e democrático com a ciência. Os sistemas sociais e agroecológicos reflectem-se na promoção e desenvolvimento de processos de transição que tornem a atividade agrícola mais sustentável, produzindo alimentos saudáveis (Altieri, 2000).

Segue-se a importância de avançar para práticas agrícolas baseadas em aplicações técnicas que devem ser ecologicamente adaptadas à conservação dos agro-ecossistemas, a fim de promover opções de gestão que cumpram os objectivos de uma verdadeira agricultura de conservação.

A agroecologia é, antes de mais, o estudo dos agroecossistemas ou sistemas de produção integrados, vistos como o resultado de um processo de co-evolução entre a sociedade e a natureza. Como salienta Gliessman (2002), é também, e consequentemente, um modo de produção alimentar que trabalha com a natureza e não contra ela, e que se integra na terra através de tecnologias apropriadas (variedades autóctones e práticas que protegem o ecossistema como um todo).

Esta ciência, assim entendida, baseia-se no princípio da economia na utilização dos factores de produção, nomeadamente da energia, e apoia-se no conhecimento popular e coletivo enraizado na sabedoria e na racionalidade dos camponeses e dos povos indígenas, banidos pela modernização capitalista (Restrepo, 2000).

A aplicação desta última à gestão ecológica das florestas e dos recursos naturais através de formas de ação social e colectiva é uma alternativa à crise atual da agricultura, porque o seu carácter sistemático considera a unidade de produção, a organização comunitária onde se encontram os sistemas de conhecimento locais e os agricultores como portadores do potencial endógeno que permite melhorar a biodiversidade ecológica e sociocultural (Guzman, 2000).

Para gerar um pensamento reflexivo nas comunidades, em particular nas comunidades rurais, que conduza a uma verdadeira autossuficiência alimentar, é importante considerar a ideia de integrar as tecnologias de conservação e a organização social como uma forma de desenvolver a capacidade de atividade produtiva sustentável, muito apreciada pela agroecologia.

Consequentemente, Guzman (2000) argumenta que a agroecologia se baseia numa hipótese epistemológica que propõe uma rutura com os paradigmas tradicionais da ciência oficial e reivindica a unidade necessária entre as diferentes ciências naturais e sociais, como a antropologia, a sociologia e a ecologia, para compreender a interdependência entre os processos ecológicos, económicos e sociais e a ligação essencial entre o solo, as plantas, os animais e os seres humanos.

Esta perspetiva conduz ao desenvolvimento de sistemas integrados de produção agrícola que visam a utilização eficiente dos recursos próprios da exploração e a maximização das relações entre os componentes do sistema, a fim de melhorar a base biológica e a viabilidade económica e técnica.

Como defende Altieri (1999), é possível produzir alimentos em harmonia com os diversos agroecossistemas, utilizando a realidade ambiental do produtor e os mecanismos que a natureza implementa em seu próprio desenvolvimento, como prevê o enfoque agroecológico, que se baseia em premissas filosóficas mais amplas do que a agricultura convencional. Esse paradigma destaca a necessidade de se estabelecer uma relação socioambiental que legitime o conhecimento dos agricultores para solucionar os problemas da pobreza rural e da degradação ambiental.

É necessário estabelecer sistemas agrícolas auto-suficientes e diversificados, com baixos níveis de factores de produção, como um projeto de vida para as famílias de agricultores, que não só assegure uma dieta rica em proteínas, vitaminas e minerais, mas também ajude cada membro a viver em harmonia com a natureza, a preservar e a desfrutar do ambiente que o rodeia, a respirar ar puro, a evitar a desflorestação, a preservar os cursos de água e a promover a melhoria dos solos e das culturas, garantindo assim a produção de alimentos no presente e para as gerações futuras.

2.2.3 Agroecologia na Venezuela

Na Venezuela, o Instituto para la Production e Investigacion de la Agricultura Tropical (IPIAT), uma organização não governamental que apoia a transição para a agroecologia, tem vindo a apresentar, desde 2004, relatórios sobre o desenvolvimento de práticas agroecológicas em 74 comunidades agrícolas de sete estados do país, principalmente na região ocidental, onde mais de 100 culturas diferentes são cultivadas segundo este modelo (Nunez, 2007).

A agroecologia está a revolucionar o colapso da agricultura venezuelana, uma vez que um grande número de camponeses e produtores agrícolas iniciaram o caminho de transição para a consolidação de uma agricultura sustentável, tal como estipulado no artigo 305 da Constituição da República Bolivariana da Venezuela de 1999. Autores como Nunez (2007) observam que o processo revolucionário venezuelano está a produzir uma política inédita e genuína de soberania agroalimentar, baseada na agro-ecologia como instrumento de transformação social, uma vez que atualmente muitas instituições estatais, como o Instituto de Desenvolvimento Rural Integra (INDER), o Fundo de Desenvolvimento Agrícola Social (Fondo de Desarrollo Agncola Social de Venezuela), o Fundo Nacional de Desenvolvimento Agrícola (Fondo de Desarrollo Agncola Social de Venezuela) e o Instituto Nacional de Desenvolvimento Agrícola (INDER), o Fundo Socialista para o Desenvolvimento Agrícola (FONDAS) e outros, responsáveis pelo desenvolvimento agrícola, foram sensibilizados para tomar medidas para consolidar as ciências agroecológicas e implementar projectos de desenvolvimento agrícola baseados na agroecologia. O quadro 2 apresenta as instituições públicas e as principais actividades de apoio à agroecologia.

Instituições governamentais e principais actividades de apoio

Agroecologia

Instituições governamentais	Actividades agro-ecológicas
Ministério da Agricultura e do Território	Plano de desenvolvimento integral da agricultura 2007-2008
InstitutNationalde biologiques et73 Agricola Integral (INIA) coberturas	Saúde113 LaboratóriosEngrais LaboratóriosLaboratórios para
Instituto Nacional de Desenvolvimento Rural (INDER)	Escolas agro-ecológicas
FONDAFA	24 mil milhões de euros para financiar14Krops agroecologia e conucos.
Instituto Nacional de Investigação Agrária (INIA)	Sinedes; estudos diversos
Fundação Inovação Revolução Agrária (CIARA)	FormaçãoPrograma Café Orgânico para o apoiar
Instituto Nacional de Terras (INTI)	Iniciativas em certas explorações Zamorano
Ministério do Ensino Superior	Universidade Bolivariana da Venezuela (UBV), ILDEA
Ministério da Ciência e Tecnologia	Vários inquéritos
Fundacite Mérida	Rede de AprendizagemAgroecologia ; 52 projectos.

Fonte: Nunez 2007.

A tabela acima permite-nos manter a tese de que a agroecologia está a avançar a nível institucional, exceto em alguns casos, como no Valle de la Mesa de Guanipa, Estado de Anzoategui, onde 4.000 hectares de soja (*Glicine maximus)* são cultivados como monocultura e estão incluídos nos planos de cultivo para 2009, enquanto 12.589 hectares de milho amarelo (Zeas-Mais) e 22.477 hectares de milho branco (Zeas-Mais) também foram cultivados como monocultura em San Francisco de la Paragua, Estado de Anzoategui.Em 2009, 12.589 hectares de milho amarelo e 22.477 hectares de milho branco (Zeas-Mais) foram *cultivados* em monocultura em San Francisco de la Paragua, no estado de BoKvar, e de acordo com o Programa Integral de Desenvolvimento Agrícola (PIDA) apresentado ao Ministério da Agricultura e do Território, 22.000 hectares de milho deveriam ser cultivados em 2010.

Note-se que cada um destes projectos agrícolas é acompanhado de pacotes de insumos agrícolas de origem química, bem como de lavouras realizadas mecanicamente, o que evidencia as contradições entre um modelo convencional e um modelo convencional.

modelo convencional

O modelo agro-ecológico é encarado pelo Estado como uma estratégia, mas talvez não de forma significativa.

No município de Heres, no estado de BoKvar, há alguns casos em que a política agrícola do estado está a ser aplicada como parte de uma abordagem agro-ecológica em comunidades rurais como Agua Blanca, Los Piquito e outras, coordenadas por entidades como a Fundação para a Formação e Inovação em Apoio à Revolução Agrária (Ciara), que apoia 23 comunidades rurais e periurbanas oferecendo formação e apoio a produtores independentes, famílias e organizações sociais, e que assistiu cerca de 183 pessoas em 2007 e 154 em 2008 (Ciara, 2009).

Recentemente, o Fondo para el Desarrollo Agrario Socialista region BoHvar (FONDAS) incorporou a abordagem agro-ecológica na sua carteira de empréstimos e concedeu 40 empréstimos para parcelas agro-ecológicas que cobrem uma área de 2 hectares nos municípios de Heres e Caroni.

Desde 2005, a Universidade Bolivariana da Venezuela tem vindo a formar académicos e técnicos nos seus vários ramos nos estados de Falcon, Zulia, BoHvar e na cidade de Caracas; Alguns deles fazem parte do pessoal do Fondo de Desarrollo Agrario Socialista (FONDAS), da fundação CIARA, do Instituto de Sanidad Agncola Integral (INSAI), da Corporação Venezolana de Guayana (CVG) no departamento de desenvolvimento agrícola e do Instituto de Investigaciones Agncolas (INIA), o que sugere que a abordagem agro-ecológica é apoiada pelas políticas e programas do governo nacional.

2.2.4 Sistemas integrados de produção agrícola (SIPA)

A introdução dos sistemas integrados de produção agrícola (SIP) provocou uma mudança na abordagem convencional da agricultura, que permitiu certamente um aumento considerável da produtividade agrícola e uma cobertura significativa da oferta alimentar, mas que também produziu indicadores que descrevem o impacto no ambiente, nomeadamente nos recursos naturais como as florestas, os solos, a água e a biodiversidade vegetal e animal.

Rodnguez (2007) considera que os sistemas integrados de produção agrícola não são apenas espaços físicos ou modelos de produção que se centram nos aspectos económicos, sociais e ambientais do meio, mas sim
a arte da agricultura pode ser exercida para a transformar numa
um plano de vida que satisfaça as necessidades nutricionais e económicas, bem como as necessidades espirituais e emocionais do indivíduo, da família e da comunidade.

O objetivo dos SIPAs é conseguir uma agricultura que permita uma produção a curto, médio e longo prazo, utilizando métodos de produção que favoreçam a estabilidade da unidade de produção, a reciclagem da matéria orgânica e dos nutrientes, e a promoção de uma produção alimentar local adaptada ao meio socioeconómico e natural, sendo a unidade de produção considerada como um ecossistema. Segundo Rodriguez (2007), a agricultura não deve centrar-se apenas na obtenção de rendimentos elevados de um determinado produto, mas sim na otimização do sistema como um todo, promovendo assim um sistema agrícola produtivo integral.

A principal caraterística dos sistemas integrados de produção agrícola baseados na agro-ecologia é o facto de visarem, antes de mais, a preservação da natureza, pois dela depende a sustentabilidade dos sistemas de produção, incluindo a preservação do solo, da flora, da fauna e da água. Além disso, ao diversificar a sua produção, contribui para a preservação da matéria orgânica, o equilíbrio da fauna útil, a utilização dos recursos disponíveis, a maximização da utilização dos solos, a redução dos riscos económicos e um melhor equilíbrio alimentar.

Os SIPAs permitem restaurar a diversidade agrícola local no tempo e no espaço através da utilização de práticas e técnicas agro-ecológicas, como a rotação de culturas, as culturas mistas e os sistemas agro-florestais, reduzindo assim os riscos de produção, tendo um impacto positivo na biodiversidade e aumentando a estabilidade do agro-ecossistema.

O conceito de agricultura sustentável através de sistemas integrados de produção agrícola baseados na agroecologia implica considerar a unidade de produção agrícola como um ecossistema global no qual se procura a otimização dos recursos através da aplicação e implementação de bases e princípios agroecológicos para a gestão dos agroecossistemas, permitindo alcançar a sustentabilidade biológica e a viabilidade económica do sistema de produção.

É igualmente importante desenvolver o SFP como uma base objetiva para a segurança alimentar, a fim de apoiar a produção local de culturas adaptadas às condições naturais e socioeconómicas, manter a produção líquida desejada preservando os recursos naturais, reduzir os custos e aumentar a eficiência e a viabilidade económica dos pequenos e médios produtores e, assim, promover um sistema agrícola diversificado e flexível para satisfazer as necessidades básicas das populações rurais.

2.3 Base jurídica.

O artigo 299.º da Constituição da República Bolivariana da Venezuela estabelece que: "*A ordem socioeconómica da República Bolivariana da Venezuela assenta nos princípios da justiça social, da democracia, da eficiência, da livre concorrência proteção do ambiente, da produtividade e da coesão social. Solidariedade*" (CRBV, 1999).

A Venezuela desenvolveu um quadro jurídico favorável para a proteção das florestas, através da inclusão da lei sobre florestas e gestão florestal, para a proteção dos recursos naturais que são importantes para todos, pelo seu valor ecológico, ambiental, social e económico, o desenvolvimento e adaptação de planos de gestão como instrumentos para a formação de uma cultura de conservação dos ecossistemas na população, levando à valorização e preservação dos nossos recursos naturais e espécies nativas, o desenvolvimento de actividades produtivas sustentáveis.

O artigo 127.º da CRBV estabelece que: "*É direito e dever de todas as gerações proteger e preservar o ambiente, para seu próprio bem e dos vindouros".*

Os artigos 128 e 129 estabelecem a obrigação do Estado venezuelano de desenvolver uma política de ordenamento territorial e de realizar estudos sobre as actividades susceptíveis de prejudicar o ambiente e os ecossistemas. Neste sentido, os SIPAs são propostos como uma alternativa agro-ecológica para a produção de alimentos e para o aumento da soberania alimentar e consolidação da segurança alimentar, com ênfase na proteção dos recursos naturais.

O artigo 305.º da Constituição da República Bolivariana da Venezuela, que trata do sistema socioeconómico do país, estipula que

"Que o Estado promova a agricultura como base estratégica para o desenvolvimento rural integral, a fim de garantir a segurança alimentar da população, entendida como a disponibilidade suficiente e estável de produtos alimentares a nível nacional e o acesso oportuno e permanente a esses produtos pelo público consumidor. .... A segurança alimentar é alcançada através do desenvolvimento e da atribuição de prioridade à produção agrícola nacional. A produção de alimentos é de interesse nacional e fundamental para a Desenvolvimento económico e social da nação".

Este mandato constitucional está em consonância com as disposições do Plano Nacional de Desenvolvimento Económico e Social, fase 2007-2013, do Projeto Nacional Simon BoKvar, que estabelece uma série de objectivos, estratégias e políticas no domínio da produção alimentar e consagra o Novo Modelo Socialista de Produção, que visa, nomeadamente, aumentar a soberania alimentar e consolidar a segurança alimentar através do desenvolvimento de uma agricultura sustentável.

Tendo em conta o exposto, a Venezuela necessita de uma garantia alimentar para uma população de mais de 27 milhões de pessoas (Instituto Nacional de Estatística, 2008), cuja organização e dinâmica são certamente
proporá novas considerações espaciais, nomeadamente no que diz respeito à produção e à população, bem como à distribuição espacial da procura ou do consumo, uma vez que o sistema deve ligar a produção, a distribuição, a comercialização e o consumo para alcançar a segurança alimentar.

O artigo 4.º da Lei sobre Soberania e Segurança Alimentar, adoptada a 6 de agosto de 2008, estipula que : "A soberania e a segurança alimentar o sector agroalimentar como o direito inalienável de uma nação definir e desenvolver uma política agrícola e alimentar adaptada às suas características específicas, baseada na produção local e nacional , respeitando os a preservação da biodiversidade produtiva e cultural, bem como a capacidade de autossuficiência prioritária que garanta o acesso oportuno e suficiente aos alimentos para toda a população".

O artigo 5º continua A segurança alimentar é a capacidade efectiva do Estado, em corresponsabilidade com o sector alimentar nacional, de garantir a toda a população a disponibilidade, o acesso, o intercâmbio e a distribuição equitativa dos alimentos numa base estável, a fim de assegurar as condições físicas e emocionais propícias ao desenvolvimento humano integral e sustentável, considerando o intercâmbio, a complementaridade e a integração económica entre os povos e as nações como um elemento essencial para garantir o direito à alimentação".

Estas orientações globais apelam à colaboração à escala nacional entre o grande número de pessoas afectadas, em particular as que têm menos recursos e se encontram em situações mais sensíveis em termos de equilíbrio vital, e as instituições públicas e privadas responsáveis pela agricultura, na grande tarefa de desenvolver iniciativas que ao compreenderem e gerirem as diferentes escalas do problema e das suas consequências, permitam assumir a responsabilidade pela aplicação de medidas relevantes que, na sua conceção e implementação, favoreçam o controlo da situação com o tratamento da soberania e segurança alimentar como uma situação objetiva.

Todas estas políticas produtivas promovidas pelo Estado venezuelano são apoiadas pela participação e controlo social de organizações locais como comités rurais, cooperativas, empresas de produção social, conselhos municipais, unidades comunitárias de produção socialista, entre outras formas de organização, como forma de garantir a pertinência e sustentabilidade das dinâmicas de desenvolvimento, bem como fomentar o sucesso das novas associações de produção socialista, entre outras formas de organização, como forma de garantir a pertinência e sustentabilidade das dinâmicas de desenvolvimento, bem como fomentar o sucesso das novas associações de produção socialista, superando as desigualdades económicas e sociais dos vários sectores, considerando o homem como elemento decisivo para alcançar um verdadeiro desenvolvimento agrícola.

2.4 CONCEITOS BÁSICOS DA PROPOSTA

Agroecologia: Uma ciência caracterizada pela integração dos seguintes aspectos os aspectos económicos, ambientais, sociais e culturais da agricultura, com o objetivo de propor alternativas à agricultura convencional, cujos efeitos negativos para o ambiente e a população rural estão amplamente documentados.

Agroecossistema: sistema constituído por uma comunidade biótica que inclui, pelo menos, uma população agrícola e o ambiente físico com o qual interage através do processamento de entradas de energia e materiais que produzem saídas de biomassa.

Sistemas integrados de produção agrícola (SIP): são unidades de produção constituídas por uma comunidade biótica composta por uma população agrícola e um ambiente em que os elementos que integram interagem para assegurar o seu perfeito funcionamento.

Sistemas: um conjunto de componentes físicos, um todo dinâmico e interativo ou um conjunto de coisas unidas ou ligadas entre si de modo a formar e/ou atuar como uma unidade, uma entidade ou um todo.

Savanas: Formações vegetais caracterizadas pela presença de árvores mais ou menos dispersas, com associações herbáceas, arborescentes e mistas, sendo os estratos do solo dominados por gramíneas.

CAPÍTULO III
QUADRO METODOLÓGICO

3.1 Tipo de pesquisa

De acordo com Balestrini (2006) e Garrido (2007), trata-se de uma investigação definida como descritiva, uma vez que existe uma compreensão interpretativa e global da realidade e o cenário da investigação é considerado numa perspetiva hispânica real. De acordo com Hurtado (2008), trata-se de uma investigação projectiva ou exequível, porque propõe soluções para uma proposta de investigação. Representa uma alternativa para mudanças ou soluções para uma determinada situação, graças ao sistema integrado

A produção como alternativa agroecológica em ecossistemas de savana no centro do desenvolvimento endógeno" 19 de abril".

3.2 Conceção da investigação

Segundo Balestrini (2006), a informação necessária tinha de ser procurada precisamente no local do acontecimento ou no seu ambiente natural, neste caso o sistema de produção agrícola do Nucleo de Desarrollo Endogeno "19 de abril", e ser de natureza documental, uma vez que foram utilizados registos ou fontes documentais, neste caso instituições ou organizações estatais ligadas ao desenvolvimento agrícola na região, tais como a Fundação para a Formação e Inovação de Apoio à Revolução Agrícola (Ciara) e o Fundo de Desenvolvimento Agrícola Socialista (FONDAS). Em termos temporais, trata-se de um estudo retrospetivo, abrangendo o período de 2004 a 2009, e em termos de organização e alcance dos dados, trata-se de um estudo de caso multivariado (Ram^ez, 2007).

3.3 POPULAÇÃO

Uma população ou conjunto de populações pode referir-se a qualquer conjunto de elementos cujas características queremos estudar e conhecer, e para os quais as conclusões obtidas pela investigação serão válidas (Balestrini, 2006).

De um ponto de vista qualitativo, a população do presente estudo a que temos acesso é constituída pelos 13 produtores agrícolas que formam a unidade de estudo, representada neste estudo pelo sistema de produção agrícola do Nucleo Desarrollo Endogeno "19 de abril", com uma superfície de 29 hectares. Por população entende-se o conjunto de unidades de observação que possuem certas características comuns que as tornam homogéneas como um todo (Arias, 2006).

3.4 AMOSTRAS

Sabemos que a amostra é constituída por elementos que formam um subconjunto da população, mas este subconjunto deve ser representativo de toda a população, e não apenas de uma parte dela (Ram^ez, 2007), tratando-se, neste caso, de um tipo não probabilístico, o que implica critérios arbitrários por parte do investigador para selecionar o subconjunto (Balestrini, 2006).

No presente estudo, a amostra é composta por 53,85% dos produtores, o que corresponde a sete (7) produtores agrícolas, ou seja, quatro homens e três mulheres. É de salientar que esta seleção foi feita propositadamente, pois estes produtores foram os que tiveram mais iniciativa e interesse em trabalhar com sistemas integrados de produção agrícola com enfoque agroecológico, como também foram os pioneiros na formação da organização social em que trabalham, desenvolvendo e colocando em prática as diversas actividades agrícolas convencionais no NUDE, representadas sob a figura de uma cooperativa agrícola denominada Kamaropa.

Para a sua seleção, foram tidos em conta determinados critérios e opiniões lógicos e importantes, tais como: conhecimento da produção agrícola, agricultura de subsistência, consentimento voluntário e um determinado grau de confiança no investigador.

3.5 DEFINIÇÃO NOMINAL E OPERACIONALIZAÇÃO DAS VARIÁVEIS DE INVESTIGAÇÃO.

Lazarsfeld (citado por Ram^ez, 1999) define uma variável como uma dimensão de um objeto. Hollander (citado por Ram^ez, 1999) indica que é um atributo que pode variar de uma ou mais formas. Por outras palavras, uma variável é um elemento que se decompõe do geral para o particular até chegar à expressão mais específica. Este elemento pode assumir diferentes valores.

Podem ser extraídos dos objectivos gerais ou específicos e ligados às perguntas dos questionários de entrevista ou a outros instrumentos. instrumentos de Instrumentos de inquéritoInformação .

3.5.1 Variável dependente

Sistemas de produção agrícola: São unidades de produção constituídas por uma comunidade viva que inclui uma população agrícola e o ambiente.

3.5.2 Variável independente

Ecossistema de savana: comunidade vegetal composta por espécies lenhosas e arbustivas graminiformes, com elevada diversidade biológica e recursos bióticos e abióticos, solos de baixa fertilidade, elevada infiltração e baixa retenção de humidade.

O Quadro 3 apresenta a matriz de operacionalização das variáveis, com as suas dimensões, indicadores e sub-indicadores.

Tabela 3: Operacionalização das variáveis para o desenho de uma proposta de sistema integrado de produção agrícola como alternativa agroecológica em ecossistemas de savana no núcleo de desenvolvimento endógeno "19 de abril".

Dimensão	Indicadores	Sub-indicador
Ambiente	Vegetação	Tipo de vegetação
		Abundância de vegetação
		Espécies vegetais predominantes
	Solo	Tipo de solo
		Fertilidade do solo
		Matéria orgânica
		Textura
		Permeabilidade
		Presença de macronutrientes (K, P)
		Presença de micronutrientes (Ca, Mg e Na)
		Potencial de hidrogénio
		Drenagem
		Cor
	Topograffa	Alívio
		Em espera
	Hidrografa	Massa de água natural
		Massa de água artificial
	Tempo	Temperatura, precipitação e evaporação
Social	Organização social	Tipo de organização
	Propriedade da terra.	Comunas
		Terrenos privados
		Países INTI
		Terras desoladas

	Serviços sociais.	Empresas de serviços públicos
	Créditos agrícolas.	Financiamento da agricultura
		Instituições que financiam actividades agrícolas
	Participação.	Ativar
		Passivo
Técnico de produção	Diversidade de Culturas arvenses.	Árvores de fruto
		Legumes
		Costelas e nódulos
		Produtos hortícolas secos
	Trabalhar o solo	Engenharia mecânica
		Manuel
	Controlo de pragas e doenças.	Controlo químico de pragas
		Controlo ecológico de pragas

O quadro 3 continua.

	Formação y Apoio | técnica	Tipo de formação e assistência técnica
		Cursos de agricultura
Económica	Nível de rendimento	Admissão ao sistema Produçãoagncoladel NUDE 19 de abril
		Percentagem de emprego no sistema de produção agrícola NUDE abril 19
	Área plantada	Hectares cultivados
	Desflorestação	Área limpa
Agroproductiva	Projeto agro-produtivo	Actividades agro-produtivas e execução de projectos agrícolas

Fonte: Produção própria 2010

3.6 INSTRUMENTOS DE RECOLHA DE DADOS

Para atingir os objectivos propostos neste estudo, que propõe um sistema integrado de produção agrícola como alternativa agroecológica em ecossistemas de savana, foram utilizados vários instrumentos de recolha e registo de dados qualitativos e quantitativos sobre as acções desenvolvidas pelo núcleo de desenvolvimento endógeno "19 de abril". As informações utilizadas foram provenientes de fontes primárias e secundárias. No entanto, dado que o trabalho inicial de investigação consistiu na obtenção de informação secundária de diferentes fontes, o que permitiu posteriormente recolher informação primária de forma mais eficiente durante a fase de campo, estas são descritas pela seguinte ordem:

Informações provenientes de fontes secundárias.

- As informações de fontes secundárias relativas à área de estudo foram obtidas através da análise documental de documentos não publicados, notas e relatórios técnicos produtivos sobre o desenvolvimento agrícola da Fundação CIARA, do Instituto de Desenvolvimento Rural (INDER), do Ministério do Ambiente e do Ministério da Agricultura.

Agriculture et Territoire, e o Institut National du Territoire (INTI), dos quais foram obtidas informações sobre a localização da área de estudo e os aspectos sociais, económicos e técnicos da produção. A revisão documental ou bibliográfica baseou-se em fontes relacionadas com a agroecologia, a agricultura em savanas e florestas e os sistemas integrados de produção agrícola, bem como na análise de conteúdos teóricos relacionados com a caraterização dos sistemas integrados de produção como alternativas de produção.

em ecossistemas naturais. As informações sobre o solo baseiam-se em análises de solos efectuadas anteriormente no Instituto de Investigações Agrárias (INIA) .
Instituto de Investigação Agrícola (INIA)
Anzoategui) e as propriedades físicas foram determinadas através da construção de um poço de ensaio.

Informações provenientes de fontes primárias.

- Utilizámos a observação direta para caraterizar os aspectos físicos naturais da área de estudo, como a vegetação, o solo e a hidrografia, e os aspectos sociais, económicos e técnicos da produção, como a organização social, a propriedade da terra, os níveis de rendimento, o controlo de pragas e doenças e a gestão das culturas. O instrumento utilizado foi um guião de observação (ver Anexo 2) destinado a completar e validar as informações recolhidas durante as entrevistas (Veliz 2009).

Estes questionários têm a vantagem de facilitar a análise dos dados, facilitando a comparação e a agregação das respostas e respondendo às questões num curto espaço de tempo (Veliz 2009). O questionário consistia numa série de perguntas colocadas aos sete membros da cooperativa e visava descrever os aspectos ambientais, sociais, económicos e técnicos da produção, tais como a organização social, os serviços sociais, o emprego e a propriedade da terra (ver Anexo 3).

- Outra fonte primária utilizada foi a entrevista, um instrumento que pode fornecer informações essenciais para um melhor conhecimento e compreensão de um determinado assunto (Veliz 2009). Estas entrevistas podem ser efectuadas com os intervenientes envolvidos no tema em questão.
coordenador da Fundação Ciara, secção de BoKvar, e o coordenador do Fundo Socialista de Desenvolvimento Agrícola (FONDAS), a fim de obter as seguintes informações obter informações sobre a propriedade da terra, as formas de
Participação da cooperativa em cursos de formação e conhecimento da situação agro-produtiva do sistema de produção do Nucleo de Desarrollo Endogeno "19 de abril". Os membros da cooperativa foram entrevistados para obter informações sobre o impacto da produção na sua vida familiar (ver anexo 4).

- Foram utilizados vários instrumentos para registar as informações, como um caderno de campo e uma máquina fotográfica.

1.7 AVALIAÇÃO

A validação refere-se à medida em que um instrumento mede efetivamente a variável que é suposto medir (Guion, 2002). Os instrumentos utilizados foram objeto de uma avaliação externa, a fim de validar a sua apreciação por peritos. O Anexo 5 apresenta a sua validação por triangulação, uma ferramenta utilizada para validar informações obtidas de diferentes fontes. Existem cinco tipos de triangulação, nomeadamente

Validação dos dados, do investigador, da teoria, da metodologia e da Ambiente (guião, 2002)

No estudo que se segue, foi efectuada uma triangulação dos dados obtidos através de entrevistas com os parceiros da cooperativa presentes na área de estudo e de entrevistas com o coordenador da Fundação Ciara, engenheiro Arquimedes Santaella, e com o coordenador do Fundo Socialista para o Desenvolvimento Agrícola (FONDAS), engenheiro

Yolimar Rodriguez. Além disso, foram avaliados e estudados os programas e planos de financiamento agrícola do NUDE "19 de abril", a assistência técnica e o estado de avanço do projeto agrícola desenvolvido na área de estudo.

3.8 DESCRIÇÃO DOS PROCEDIMENTOS PARA REALIZAÇÃO DA INVESTIGAÇÃO.

A descrição das práticas foi efectuada no sistema de produção agrícola do Nucleo de Desarrollo Endogeno 19 de abril, na propriedade agrícola com o mesmo nome. Para a realização da investigação, foram tidos em conta aspectos e indicadores qualitativos e quantitativos.

O ponto de partida foi o diagnóstico do sistema de produção agrícola do Núcleo de Desenvolvimento Endógeno "19 de abril", através de uma abordagem sistemática e integral, definindo a amostra, observando os aspectos físicos e naturais da área de estudo e visualizando os aspectos ambientais e técnico-produtivos, bem como outros elementos que fazem parte da unidade de estudo. O inquérito e a entrevista foram também utilizados para conhecer elementos de natureza social, uma vez que foram tidas em conta as opiniões dos sócios da cooperativa e de responsáveis de instituições ligadas ao desenvolvimento agrícola, pelo que o processo de informação incluiu as seguintes fases

NÍVEL I

1. Exame e análise de documentos teóricos e jurídicos, tais como a Constituição da República Bolivariana da Venezuela de 1999, o Projeto Nacional Simon BoKvar 2007-2013 e algumas leis, bem como consultas na Internet, publicações nacionais e internacionais, teses e trabalhos de investigação relacionados com o tema do estudo.

2. Visitas a instituições de desenvolvimento agrário como o Instituto Nacional de Terras, a Fundação CIARA, o Instituto de Desenvolvimento Rural Agrário, o Instituto de Sanidade Agrária Integral e o Fundo de Desenvolvimento Agrário Socialista para revisão dos mapas de localização agrária da área de estudo e revisão de outros materiais (escritura de criação da cooperativa, arquivos, relatórios técnicos e fichas relacionadas com o NUDE 19 de abril) de forma a contribuir para a justificação, definição do problema, objetivo, população, amostra, definição de variáveis, etc.

3. desenvolver instrumentos e rever textos de investigação em função dos objectivos fixados

4. Foram realizadas entrevistas, verificações e análises documentais dos registos da comunidade, tais como o diagnóstico participativo da comunidade, os projectos de desenvolvimento endógeno da comunidade e os planos de desenvolvimento da comunidade, que contribuíram para o desenvolvimento das dimensões das variáveis e indicadores a avaliar.

NÍVEL II

1. reuniões e discussões com os membros da cooperativa para a qual trabalhamos Foram realizadas entrevistas para recolher informações sobre os aspectos sociais, económicos e técnicos da produção.

2. Foi efectuada uma caraterização do local para obter informações sobre as condições físicas naturais da área de estudo, incluindo a vegetação, o tipo de solo, a água, a topografia, o tipo de técnicas de produção e as infra-estruturas existentes. Para o efeito, foi utilizado um guia de observação, um sistema de posicionamento geográfico (GPS) e a construção de um fosso de ensaio na área de estudo.

3. Estabelecimento do referencial teórico e do contexto de investigação, e conceção do quadro metodológico.

4. selecionar as informações relativas aos aspectos a avaliar, tendo em conta os indicadores desenvolvidos para o efeito.

NÍVEL III

1. Após o tratamento da informação e a obtenção dos resultados, a análise foi efectuada tendo em conta os objectivos, utilizando um sistema de operacionalização das variáveis através de dimensões, indicadores e sub-indicadores.

2. Elaborar conclusões.

3. Apresentação da proposta com o respetivo plano de ação, com base na análise dos resultados do projeto do sistema integrado de produção agrícola como estratégia agro-ecológica no NUDE "19 de abril".

3.9 TÉCNICAS DE ANÁLISE DE DADOS.

As técnicas de análise utilizadas foram os gráficos de barras, nos quais foram efectuadas diversas comparações entre os diferentes aspectos avaliados, e os quadros de análise, nos quais foram reproduzidos os resultados das técnicas e instrumentos utilizados durante o desenvolvimento da investigação.

CAPÍTULO IV

APRESENTAÇÃO E ANÁLISE DOS RESULTADOS DO DIAGNÓSTICO

Este capítulo apresenta e analisa os resultados do estudo. Trata-se de um estudo preliminar que pode dar um contributo às instituições responsáveis pela decisão dos planos de desenvolvimento agrícola do país, transformando o modelo tradicional de produção agrícola numa visão sistémica e integrada, em harmonia com o ambiente e tendo em conta a relação entre o homem e a natureza.

Para responder aos objectivos da investigação, analisámos cada uma das dimensões utilizando os indicadores de operacionalização das variáveis apresentados na Tabela 3. Para a caraterização física e natural da área em estudo, considerámos a dimensão ambiental, identificando elementos fundamentais como os seguintes:

Dimensão ecológica

1. Vegetação

Com o objetivo de identificar o tipo de vegetação caraterística do sistema de produção agropecuária do NUDE "19 de abril", foi realizada uma excursão na área de estudo, percorrendo uma área de 29 hectares onde se observou uma vegetação natural de cerrado composta por arbustos e espécies graminiformes. Segundo Torres (1996), trata-se de uma vegetação natural com baixo potencial para a produção animal, pois é pouco produtiva e tem baixo valor nutritivo, sendo deficiente em proteínas, energia e minerais.

A vegetação presente no sistema de produção do NUDE 19 de abril apresenta uma abundância variável em determinados setores, onde se observa que houve intervenção antrópica em determinadas áreas em decorrência das atividades agrícolas. A Tabela 4 mostra a variação da vegetação nos diferentes setores do NUDE 19 de abril, sendo que a maior abundância de vegetação encontra-se na área da Mata de Galena e a menor abundância de vegetação nas áreas agrícolas e de construção de infraestrutura. A Tabela 5 também mostra as principais espécies vegetais predominantes no sistema de produção e o tipo de vegetação. Para a identificação das espécies vegetais, recorremos a observações directas, a algumas chaves taxonómicas e a textos sobre as espécies vegetais dominantes nas savanas sazonais não inundáveis.

Quadro 4 Abundância de vegetação por sector do sistema de produção agrícola NUDE 19 de abril.

Sectores	Abundância por espécie de planta
Floresta de Galena	Mais de 20 espécies de plantas
Agricultura e construção de infra-estruturas	Menos de 20 espécies de plantas

Fonte: produção própria 2009

Quadro 5 Espécies vegetais predominantes no sistema de produção NUDE 19 de abril

Nome científico	Nome geral	Tipo de vegetação
Cassia moschata	Canaffstola	Arbusto
Xilopia aromatica	Frutos de burro	Arbusto
Piptadenia peregrina	Yopo	Arbusto
Copa^fera officinalis	Óleo	Arbusto
Bowdichia virgilioides	Sobreiro	Arbusto
Cassia sp.	Flor amarela	Arbusto
Trachypogon gallanus	Palha peluda	Graminiformes
Rinchelintus rosea	Palha cor-de-rosa	Graminiformes
Panicum maximun	Gamelote	Graminiformes
Trachypogon sp.	Palha teimosa	Graminiformes
Sporbolus indicus	Ilusão	Graminiformes
Cenchus echinatus	Cadillo bravo	Graminiformes
Andropogon vicornis	Cauda de vaca	Graminiformes
Leucaena leucocephala	Leucaena	Arbustos
Hipparrenia ruffa	Erva de Yaragua	Graminiformes
Cesamun sp	AjonjoK sabanero	Arbusto
Byrsonima crassifolia	Chaparro manteco	Arbusto
Petrea arborea	Chaparrillo	Arbusto
Cäsalpinia coriara	Dividivi	Arbusto
Enterolobium cyclocarpum	Caro	Arbusto
Mauritia Flexuosa	Moriche	Palmeira
Cyratella americana	Manteiga	Arbusto
Ciperus ferax	Cortador	Ciperáceas
Hyptis suaveolens	Mastranto	Arbusto
Melada tomentosa	Violeta bretónica	Arbusto

Fonte: produção própria 2009

Estes resultados foram validados, ao nível do inventário, por um trabalho realizado por participantes no curso de Agroecologia e Desenvolvimento Sustentável da Universidade Agrícola de Havana,[3] , utilizando a metodologia do manual de inventário da vegetação do Instituto Humboldt, e por outras caracterizações da vegetação realizadas por funcionários do Instituto Nacional de Terras (INTI) na mesma unidade de produção NUDE 19, que constataram que as espécies eram típicas do ecossistema de savana.

2. Solo

O solo da unidade de produção tem um elevado teor de areia nos primeiros horizontes, baixa fertilidade e baixa disponibilidade de humidade, o que resulta numa má nutrição das plantas. Apresenta uma textura argilo-arenosa, um ph ácido (potencial hidrogeniónico) e baixos teores de matéria orgânica, cálcio, fósforo, sódio, magnésio e potássio. A análise da natureza do solo do sistema de produção foi determinada através da análise de um relatório de análise de solos do Instituto Nacional de Investigação Agrária (INIA-Anzoategui), como se pode ver no Quadro 6 de 01.08.2006, com amostras recolhidas a três profundidades: 0-20 cm, 20-40 cm e 40-60 cm.

Quadro 6: Características da análise do solo.

Potencial de hidrogénio	Presença de	Presença de macro Nutrientes		Presença de micronutrientes		
			P	Ca	Bem	Mg
Baixo (3,5 ácido)	Baixo (0,42%)	MuyBajo (0,01 ppm)	Muito baixo (0,62 ppm)	Baixo (0,23 Meg/100gr)	T	Baixo (0,15 Meg/100 g)

Fonte: Governo espanhol: INIA Anzoategui 2006.

[3] Estudos de pós-graduação na Universidade Bolivariana da Venezuela 2007-2008

Foi igualmente realizada uma cova de ensaio com 60 centímetros de profundidade e um metro de largura para determinar certas características físicas do solo, como a textura, a cor, o tipo de solo, a permeabilidade e a retenção de humidade. De acordo com o artigo 115.º da Lei do Ordenamento do Território e da Agricultura (2005), estes solos pertencem às classes IV - VI, que são adequadas para a criação de gado, a silvicultura e certas culturas. Segundo Casanova (2003), são considerados solos de muito baixa fertilidade, pobres em matéria orgânica e em macro e micronutrientes, que devem ser trabalhados com técnicas agro-ecológicas para manter e melhorar as suas condições.

O quadro 7 apresenta as propriedades físicas do solo. Propriedades físicas

determinada pela construção de um poço de ensaio

Quadro 7 Características físicas do solo do sistema agrícola NUDE 19 de abril

Textura	Cor	Tipo de solo	Permeabilidade	Drenagem

Argila arenosa	Cinzento claro	IV-IV	Rápido de 1.270 a 2.540 mm/hora	Rapido

Fonte: Elaboração própria 2010

A permeabilidade do solo e a drenagem do solo do sistema de produção agrícola NUDE foram determinadas por ensaios de campo e validadas utilizando as tabelas de características físicas do solo seleccionadas no Manual de Classificação do Solo de 1988.

3. Hidrografia

O sistema de produção agrícola NUDE "19 de abril" dispõe de um curso de água permanente que se estende por cerca de dois quilómetros e circunda a floresta de Galena, que faz parte da superfície da área de estudo; o caudal deste curso de água foi reduzido na sequência de discussões com os parceiros da cooperativa e está bloqueado em certos locais. Existe também um reservatório de água (reservatório australiano) construído pelo Instituto de Desenvolvimento Rural (INDER) em 2006, com uma capacidade de meio milhão de litros, e um poço profundo de 40 metros de profundidade com uma capacidade de 2 litros por segundo. Estes dados foram confirmados por informações fornecidas pelo engenheiro Robert Heredia, funcionário da Fundação CIARA responsável pelo acompanhamento e avaliação do projeto de desenvolvimento agrícola NUDE 19 de abril.

A Tabela 8 mostra a disponibilidade hídrica do sistema de produção agrícola NUDE 19 de abril, utilizado principalmente para irrigação de culturas.

Quadro 8: Hidrografia (disponibilidade de água)

Massa de água natural	Rio
Massa de água artificial	Poço profundo e reservatório australiano

Fonte: instrumento aplicado, 2010

4. Topografia

A topografia foi determinada pelo relevo e declive do terreno do sistema de produção agrícola do NUDE 19 de abril, neste caso foi visualizado um relevo acidentado com um declive médio, a Tabela 9 apresenta os valores do grau de inclinação do declive e relevo característicos do estudo.

Quadro 9 Elementos do Topograffa

Alívio	Em espera	Grau de inclinação
Corrugado	Mediana	3% a 7%

Fonte: Produção própria 2010

A inclinação foi calculada com base em mapas cartográficos do Instituto Nacional de Terras de Ciudad Bolívar e a inclinação foi calculada com um GPS. Os graus de inclinação foram calculados com base na qualificação de certas propriedades físicas do solo no manual de classificação de solos de 1988.

5. O tempo

De acordo com os dados da estação meteorológica da Aviacion Militar Bolivariana em Ciudad Bolivar, os valores médios de temperatura, precipitação e evaporação aumentaram nos últimos dez anos, mostrando mudanças muito significativas. A Tabela 10 mostra os valores médios registados pela estação meteorológica de 1997 a 2007.

Quadro 10 Elementos climáticos

Elementos	Média 1999	Média 2007
Temperatura	27°C	29°C
Evaporação	78,08 mm	80,25 mm
Precipitação	800 mm	700 mm

Fonte: Estação meteorológica da aviação militar boliviana Ciudad Bolivar.2010

No que diz respeito à descrição dos aspectos sociais, económicos e técnicos da produção, tal como indicado nos objectivos e demonstrado no sistema de operacionalização das variáveis, verificou-se que

Dimensão social

1. Organização social

A organização social do sistema de produção agrícola de NUDE 19 de abril é uma cooperativa de base criada em 2005 e ligada a programas nacionais, nomeadamente a missão Vuelvan Caras, de responsabilidade limitada, cujos membros receberam formação agrícola do Instituto de Cooperação Educativa Socialista, antigo INCE. O quadro 11 mostra a sua organização no sistema de produção NUDE Avril 19. Estes dados foram confirmados por Fernandino Marquez, funcionário do Ministério da Agricultura e do Território, que trabalhou como formador agrícola no programa agrícola de fronteira do INCE.

Quadro 11 Formas de organização social

Organização social	Número inicial de membros	Número atual de membros	Géneros
Cooperativa	13	7	4 Mulheres3 Homens

Fonte: Instrumento aplicado 2010

2. Propriedade do terreno

Os terrenos onde se encontra o sistema de produção agrícola NUDE "19 de abril" são propriedade de ejidos municipais. O terreno foi concedido à cooperativa sob a forma de garantia gratuita por um período de vinte anos, tal como consta do acordo n.º 132, folhas 384 a 386 da primeira ata, volume VII da sessão ordinária da câmara municipal do município de Heres, no Estado de Bolívar, sob o número 23 de vinte e sete de outubro de dois mil e seis, informação confirmada pelo documento da ata em nome da câmara municipal do município de Heres.

3. Serviços sociais

Em termos de serviços básicos, a NUDE "19 de abril" dispõe de transportes, eletricidade, telefone e um bom abastecimento de água. Obtiveram quatro empréstimos agrícolas de instituições de crédito como o Fondo de Desarrollo Agncola Pesquero Forestal y Afines, o Ministerio de Agricultura y Tierra, a Corporación Venezolana Agraria e o Fondo BoHvar. O quadro 12 mostra alguns dos aspectos sociais do sistema de produção integrada NUDE 19 de abril.

Tabela 12. Aspectos sociais do NUDE "19 de abril

Serviços públicos	Número de operações de financiamento agrícola	Formas de participação	Instituições de financiamento
Água	4	Ativar	AVC
Telefone			FONDAFA
Transporte			MAT
Eletricidade			Fundo Bolivar

Fonte: Instrumento aplicado 2010

Dimensão técnica da produção

1. Diversidade cultural

No que diz respeito aos aspectos técnicos da produção, constatou-se que as práticas agrícolas desenvolvidas pelos produtores do NUDE "19 de abril" são convencionais, que não possuem diversidade de culturas, que cultivam sem planejamento e que os produtos cultivados são cebola (*Allium schaenoprasum*), mandioca (Manihot esculemtum) e feijão

(Vigna unguiculta), Não há diversidade de culturas, o cultivo não é planeado, as culturas são a cebola (Allium schaenoprasum), a mandioca (Manihot *esculemtum) e o feijão* (Vigna *unguiculta)*, as pragas e doenças são controladas com produtos químicos ou pesticidas, a assistência técnica e a formação não foram implementadas de forma permanente.

2. Trabalhar o solo

O solo é trabalhado mecanicamente, sem a aplicação de medidas de proteção do solo. De acordo com Casanova (2003), esses solos apresentam inúmeras limitações para a produção agrícola e devem ser trabalhados com tecnologias ambientalmente corretas e métodos agroecológicos para manter a produção. Por serem solos de savana, são altamente vulneráveis à degradação sob um modelo de agricultura convencional, onde o uso de máquinas agrícolas e outros equipamentos podem afetar a estrutura e outras propriedades físicas e químicas do solo.

Quadro 13 Elementos técnicos da produção NUDE abril de 19

Diversidade das plantas cultivadas	Pragas e doenças causadas por insectos - Ervas daninhas	Trabalhar o solo	Formação e assistência técnica
Cebolinha com legumes	Insecticidas	Engenharia mecânica	Produtor agrícola
Raiz de Yucca	Fungicidas		Cooperativas
Legumes secos - Feijões	Herbicidas		Vermicultura

Fonte: Produção própria 2010

Dimensão económica

1. Nível de rendimento

Entre os aspectos económicos tidos em conta na área de estudo, o nível de rendimento foi fixado em cerca de 60% no início do desenvolvimento do projeto, uma vez que todos os membros da cooperativa que trabalham no NUDE 19 de abril beneficiavam de adiantamentos da empresa quando havia produção agrícola.

As receitas da NUDE foram afectadas e diminuíram cerca de 20%, como mostra a figura 1, que apresenta o montante das receitas por ano.

Gráfico 1 Nível de rendimento NUDE 19 de abril - 19 de abril - 19 de abril - 19 de abril de 2009

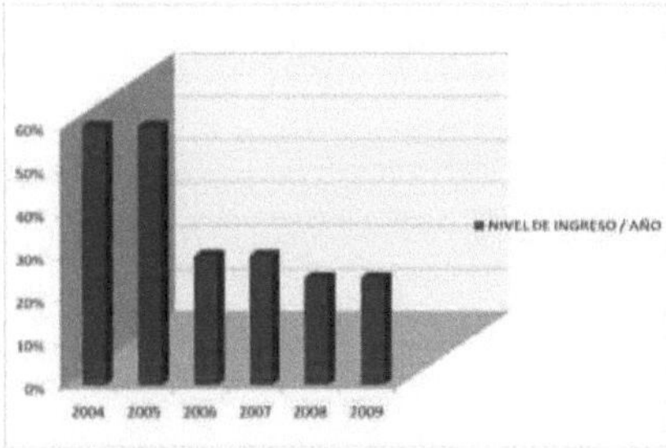

1. Empregos

O emprego no NUDE "19 de abril" caiu de cerca de 70% em 2004, quando o projeto de desenvolvimento agrícola começou, para cerca de 30% em 2008 e 2009 (ver Figura 2).
por ano.

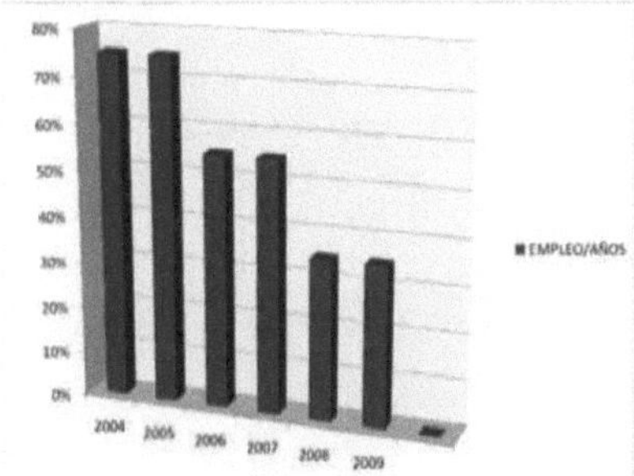

Gráfico 2: Emprego na NUDE 19 de abril

2. Área semeada

De 2004 a 2007, a superfície cultivada manteve-se entre 5 e 11 hectares. Em 2008 e 2009, a área cultivada para a produção agrícola não aumentou. Durante este período, os cerca de 11 hectares foram dedicados a culturas permanentes como árvores de fruto e culturas de curta rotação como a mandioca, o feijão e alguns legumes como a cebola. A figura 3 mostra a superfície semeada por hectare e por ano no sistema agrícola NUDE 19 de abril.

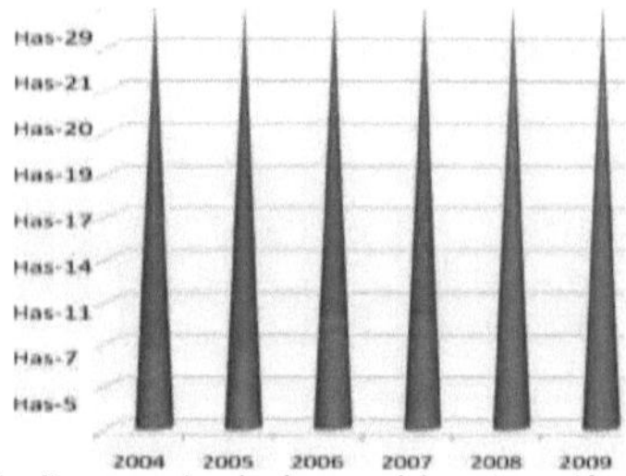

A zona de plantação no centro do desenvolvimento endógeno 19 de abril.

3. Desflorestação

A área desmatada entre 2004 e 2008 foi de aproximadamente 21 hectares. Começou com 7 hectares desmatados em 2004, aumentou para 11 hectares em 2006, e 21 hectares foram desmatados em 2008. O gráfico 4 mostra a proporção de área desmatada por ano em relação à área total do sistema de produção. UNDE19 sistema de produção em abril

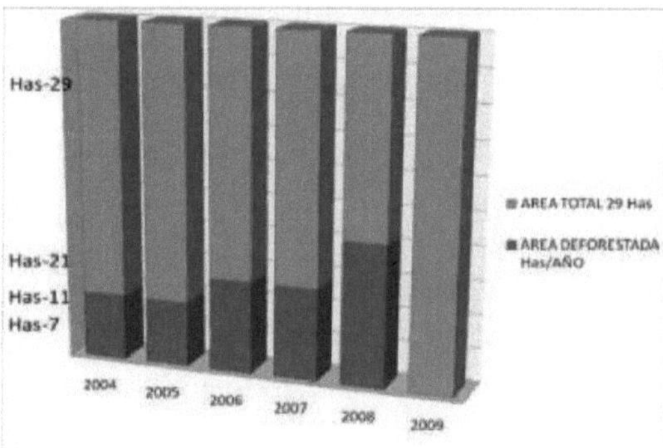

Figura 4 Zona desobstruída do NUDE 19 de abril

Dimensão agro-produtiva

A iniciativa de promoção de um sistema de produção agrícola sob a forma social de um núcleo de desenvolvimento endógeno na propriedade agrícola "19 de abril" foi regida pela política agrícola do Estado. Foi implementada de forma centralizada e descontextualizada, aplicando um modelo agrícola convencional que teve impacto num ecossistema de savana virgem, sem ter em conta os factores naturais, sociais, culturais e económicos. Como resultado, áreas foram injustamente desmatadas por não atenderem aos requisitos de produtividade agrícola do projeto de desenvolvimento endógeno, apesar das medidas financeiras tomadas pelo Estado venezuelano, o que resultou em perdas econômicas, ambientais e sociais e nem mesmo provocou uma mudança de consciência nos produtores, o que teria melhorado sua qualidade de vida. A Tabela 14 mostra a situação sócio-produtiva do sistema de produção EDU19 em abril.

Quadro 14: Situação agro-produtiva do sistema agrícola NUDE 19 de abril

Actividades realizadas	**% completo**
Desflorestação de 21 ha.	100% executado
Desflorestação de 3 ha para a construção de cercados para cavalos	Não executado
Desflorestação de 1 ha para construção de habitações	Não executado
Construção de 3 galinheiros	1 balança acabada e 2 balanças em Construção
Equipamento e acessórios para incubadoras de frangos	100% entregue
1 mãe australiana	Construído, não em serviço
Aquisição de máquinas agrícolas	1 trator e 1 grade são utilizados para a preparação do solo e são alugados a outros agricultores. 1 espalhador, 1 espalhador de adubo, não utilizado
Financiamento de 7 hectares de culturas de milho	100% financiado, parte da colheita foi vendida a particulares e parte à indústria
Melhoria das vias de acesso	100% executado
Perfuração profunda	100% concluído, em serviço, utilizado para o sistema de irrigação.
Construção de uma estrada de trânsito de 3 km	100% executado
3 quilómetros de ligação à rede eléctrica	100% executado
Financiamento de 3 hectares de culturas de feijão	100% entregue, colheita vendida no mercado local
Financiamento de 4 hectares de cultura de mandioca	100% entregue, colheita vendida no mercado local
Financiamento de um hectare de serralha	100% concluído, em produção

Fonte: Instrument appliqué 2010.

CAPÍTULO V

CONCLUSÕES

As principais conclusões da investigação são apresentadas a seguir. Apresentam uma panorâmica das principais conclusões e resultados do trabalho, bem como dos objectivos estabelecidos.

Em primeiro lugar, os efeitos negativos sobre os elementos físicos naturais (vegetação, solo, água, clima, topografia) no sistema de produção agrícola integrada do NUDE 19 de abril, que predominam neste ecossistema de savana e que não foram tidos em conta aquando da criação deste projeto de desenvolvimento agrícola, uma vez que estes elementos determinam, num dado momento, a melhor utilização, que pode ser atribuído a uma unidade de produção agrícola que permita o estabelecimento de agro-ecossistemas sustentáveis e o desenvolvimento de associações de culturas, policulturas ou outros sistemas de produção alternativos adaptados a esta formação vegetal, reduzindo a possibilidade de utilização de produtos tóxicos, nomeadamente nas actuais condições ambientais globais.

A vegetação natural, típica do ecossistema de savana em que se encontra o Nucleo de Desarrollo Endogeno 19 de abril, diminuiu consideravelmente devido às diferentes actividades agrícolas convencionais realizadas no âmbito do sistema de produção agrícola, o que favoreceu o crescimento de outras espécies vegetais invasoras e a propagação de certos parasitas, bem como a diminuição da fauna, que não encontra as condições necessárias para sobreviver. Condições em que se podem desenvolver

O solo foi mecanizado por diversas vezes através da utilização de máquinas e utensílios agrícolas, tais como grades e grades eléctricas, o que reduziu a camada superficial e, por conseguinte, a fertilidade do solo, explorando-o de forma desproporcionada. A hidrografia é dada por um curso de água permanente cujo caudal foi reduzido pela construção de obstáculos colocados no curso normal do rio e pela construção de reservatórios de água que não são atualmente utilizados.

Na mesma linha, foram descritos os aspectos sociais, económicos e produtivos do sistema integrado de produção agrícola NUDE 19 de abril, uma vez que estes elementos são fundamentais para a implementação de qualquer tipo de projeto de desenvolvimento, e ficou claro que, para que ocorra um verdadeiro processo de transformação social, é necessária uma educação ideológica que incentive a participação genuína e o empoderamento dos grupos para alcançar os objetivos estabelecidos. Tornou-se claro que, para um verdadeiro processo de transformação social, é necessária uma educação ideológica que encoraje a participação genuína e dê poder aos grupos para atingirem os objectivos estabelecidos.

desarticulação e relevância social por parte dos membros da

Para além da abordagem cooperativa, é importante chegar a uma visão menos prática do desenvolvimento endógeno, que implica uma verdadeira transformação social.

No que diz respeito aos aspectos económicos considerados nas variáveis, constata-se que o nível de rendimento e emprego do NUDE 19 de abril diminuiu, uma vez que os membros deixaram de receber o subsídio social que recebiam no início do projeto, o que demonstra a motivação para os incentivos económicos, enquanto a área cultivada e a área desmatada não correspondem, pois a área cultivada não foi aumentada, apesar da área desmatada, a falta de consciência e de critérios ambientais dos produtores, que desenvolveram actividades agrícolas nocivas para o ambiente, como o demonstram as técnicas de produção utilizadas, como o controlo de pragas com produtos químicos, a falta de associação e diversificação produtiva, a utilização de máquinas agrícolas para a lavoura, etc.

No que diz respeito às condições agro-produtivas do Nucleo de Desarrollo Endogeno 19 de abril, constatamos deficiências, incumprimentos e falta de conclusão de algumas actividades de desenvolvimento agro-produtivo do NUDE, tais como a limpeza de três hectares para a construção de picadeiros para cavalos e a não utilização do reservatório australiano, o que demonstra que, apesar da política do Estado de apoiar a produção agrícola nacional através das suas instituições financeiras no NUDE 19 DE ABRIL, esta não gerou um verdadeiro desenvolvimento agrícola como se pretendia.

Em conclusão, é necessário remediar este tipo de situação e promover alternativas de desenvolvimento agrícola que favoreçam uma agricultura verdadeiramente sustentável, em harmonia com o ambiente, em que a relação entre o homem e a natureza seja harmonizada.

CAPÍTULO VI

FORMULAÇÃO DA PROPOSTA

6.1 APRESENTAÇÃO

Atualmente, o recurso solo desempenha um papel importante não só na qualidade da produção, mas também na preservação dos recursos naturais, nomeadamente a água e a vegetação, que devem ser tidos em conta em todos os tipos de desenvolvimento agrícola. especialmente quando a agricultura é praticada com recurso a uma abordagem técnica convencional ou de alto rendimento, como tem sido o caso até à data no nosso país, que não garante a sustentabilidade que se espera do desenvolvimento agrícola, pelo que o único desenvolvimento possível é o baseado na cooperação aberta entre as pessoas e em relações de produção que humanizem a sociedade.

Para almejar coletivamente a segurança alimentar no nosso país com base no desenvolvimento sustentável através da promoção da atividade agrícola, este estudo propõe o estabelecimento de sistemas integrados de produção agrícola como alternativa agro-ecológica nos ecossistemas de savana, reconhecendo a importância dos recursos naturais e as múltiplas especificidades que compõem os nossos agro-ecossistemas.

Os sistemas integrados de produção agrícola representam um modelo agro-ecológico que rompe com as práticas predatórias tradicionais, que conduziram a problemas relacionados com a degradação e a sobre-exploração dos solos, a compactação dos solos e a utilização desmedida de agroquímicos, que têm por efeito alterar o equilíbrio ecológico natural, reduzindo ou eliminando os factores de vegetação, a fertilidade dos solos, a biodiversidade, a reciclagem dos nutrientes e a reduzida atividade microbiana.

6.2 OBJECTIVOS DA PROPOSTA

6.2.1 Objetivo geral :

Proposta de implantação de um sistema integrado de produção agrícola como alternativa agro-ecológica no núcleo de desenvolvimento endógeno "19 de abril" no município de Heres no estado de BoHvar.

6.2.2 Objectivos específicos

Desenvolver actividades de sensibilização dos membros da cooperativa para a ativação e criação de um Coletivo de Construção que se centram na organização social e no desenvolvimento agrícola integral.

Execução da actividadeOrientada teórica e praticamente para a utilização de técnicas agro-ecológicas na unidade de produção NUDE, a 19 de abril, para explicar as práticas das práticas das práticas das práticas das práticas das práticas convencional.

Integração dos vários subsistemas que compõem o sistema de produção Nu 19 de abril para criar o sistema de produção integrado. Sistema de produção Sistema de produção.

6.3 EXPOSIÇÃO DE MOTIVOS

Os sistemas agrícolas tradicionais caracterizam-se geralmente por um baixo nível de desenvolvimento tecnológico, uma utilização extensiva do solo e, consequentemente, uma baixa produtividade da terra e do trabalho, nomeadamente a agricultura itinerante e a agricultura de savana. Atualmente, o crescimento demográfico e a concorrência das culturas de rendimento tornam necessário o aumento da produção, conduzindo ao esgotamento dos solos e, a longo prazo, à escassez de alimentos e à desertificação da savana.

Os sistemas integrados de produção agrícola visam melhorar as condições de vida das famílias de agricultores e reduzir a degradação do ambiente, combinando um vasto leque de actividades que um grupo humano organiza, gere e realiza de acordo com os seus objectivos, cultura e recursos, adoptando práticas que respeitam o ambiente.

A figura 2 dá uma visão geral dos Sistemas Agrícolas Integrados e dos componentes que os justificam e visualizam como estruturas funcionais na construção de um novo paradigma agrícola, articulando os processos ecológicos, económicos e sociais que determinam as formas de apropriação, construção e transformação de novos estilos de desenvolvimento sustentável. estilos de desenvolvimento sustentável e agroecológico.

Figura 2 Justificação dos sistemas integrados de produção agrícola.

6.4 JUSTIFICAÇÃO DA PROPOSTA

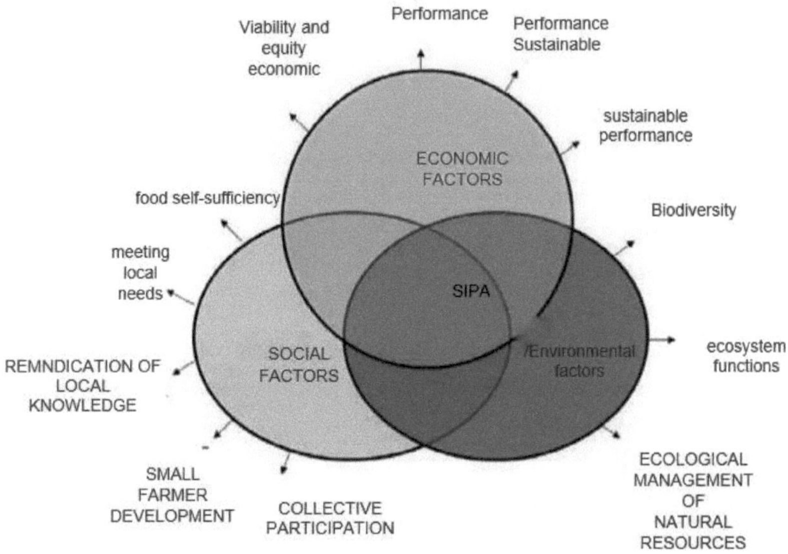

A proposta baseia-se na coerência, na integridade a complementaridade, que é a base dos sistemas integrados de produção agrícola, incluindo os aspectos técnicos, produtivos, ambientais e económicos.

A figura 3 abaixo mostra como os sistemas integrados de produção agrícola são integrados e apoiados por estes três elementos, que formam a base da sustentabilidade ambiental, da equidade social e da diversidade cultural, ao mesmo tempo que reafirmam os direitos das comunidades à autogestão dos seus recursos naturais e valorizam a produtividade ecológica e as práticas tradicionais de recursos.

que caracterizam o SIPA como um modelo alternativo de transferência de tecnologia e de aconselhamento agro-ecológico.

Figura 3: Fundação de Sistemas Agrícolas Integrados

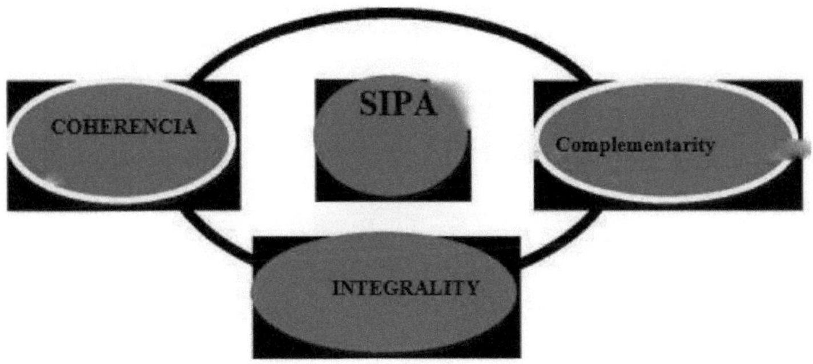

Fonte: desenvolvimento próprio 2009.

6.5 ESTRUTURA DA PROPOSTA

Em função das características da unidade de produção, a proposta que se segue está estruturada em três subsistemas:

1. Subsistema de produção vegetal que inclui a produção de pastagens, árvores de fruto, produtos hortícolas, leguminosas, cucurbitáceas, produtos refinados e Tuberculose.
2. O subsistema "pecuária", que inclui a produção de suínos, aves de capoeira e bovinos, bem como a apicultura.
3. Subsistema de produção agrícola.

Os vários subsistemas estão interligados de forma a utilizar racionalmente os recursos internos de cada subsistema.

É importante ressaltar que o sistema a seguir será desenvolvido em várias etapas, começando pelo subsistema vegetal, o plantio de capim e outras espécies para fornecer alimentos para o subsistema animal, e o desenvolvimento de práticas agroecológicas para a produção dos insumos necessários, como a vermicultura para a produção de adubos orgânicos e a alimentação de aves e peixes, conforme mostra a Figura 4.

Figura 4: Relações entre subsistemas

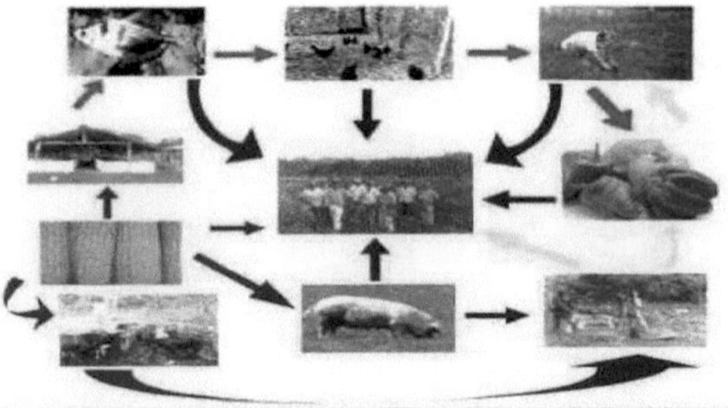

Fonte: desenvolvimento próprio 2009.

Localização da proposta: Nucleo de Desarrollo Endogeno "19 de abril", localizado no distrito rural de "19 de abril".

Duração: Prevê-se que a proposta leve dois anos a desenvolver.

Para implementar a proposta, propõe-se a elaboração de um plano de ação, definido, segundo Vilcher 2008, como um instrumento destinado a orientar o desenvolvimento de um projeto, que, por sua vez, serve para dar uma ordem lógica às acções propostas.

Quadro 15 Plano de ação para a elaboração de propostas

Objectivos	Estratégias	Acções	Duração	Diretor	Recursos
Desenvolvimento de Sensibilizar os membros da cooperativa para a necessidade de ativar e utilizar a tecnologia. orientado de forma construtiva organização social desenvolvimento agrícola integral.	O sítio Web criação de Peças participação colectiva, em que ir para envolver-se Parceiro cooperativo, facilitador Identificação e Preparação de Groupe Homme no desenvolvimento de Estratégias baseadas na sua realidade e os seus próprios critérios de realização projectos participativos.	-convocatoriasa membros da cooperativa. Workshops sobre participação cívica, auto-conhecimento, organização social, etc. e desenvolvimento agrícola integrado sustentável. -Actividades de troca experiências. -Mesas de trabalho Coletivo. -Diálogo de conhecimentos.	Seis meses	Inte rmediário instituições públicas e membros da cooperativa Kamaropa	Homem para Didática Físico

Realizar actividades teórico-práticas baseadas na utilização de técnicas orientadas práticas agro-ecológicas na unidade de produção do NUDE19 de Abrilpara transformá-los práticas agrícolas	Produção de Teoria e prática em termos de Técnico parceiro com Cooperativa no Produção agrícola NUDE 19 de abril.	-oficinas de formação centradas no trabalho coletivo, ligadas ao organização social como Cooperativas, empresas cooperativas produção social , Conselhos municipais e produção agro-ecológica com	Seis meses	Líderes de instituições com responsabilidades no desenvolvimento agrícola, parceiros do Cooperativa de camaradas	De um ponto de vista técnico. Produtivo Humano. Didática. Física

Quadro 15 cont.......

convencional.		Apoio a Os vídeos também podem ser projectados a partir de um sítio Web. Experiências de conformação de organização social e parcelas agro-ecológicas. -desenvolvimento de actividades técnicas e de produção, tais como demonstrações de Métodos e Experiências noutros países unidades de produção agro-ecológicas.			
Integrá-los os diferentes subsistemas que compõem o sistema Sistema Produção de Ato de 19 de abril a organizar. oSistema Integrado a partir de Produção agrícola.	Configurar diferentes subsistemas que será integrado no Produção integradaProdução agncola.	Desenvolver diferentes subsistemas de produção em Unidade de estudo. - aplicação de várias práticas agro-ecológicas que contribuem para melhorar a Manutenção e integração dos diferentes subsistemas.	1 ano	Técnico com Conhecimentos no domínio agroecologica, parceiro de Cooperativa Kamaropa, instituições governamentais e estatais da região Apoios sector agrícola.	Técnica. Produtivo Humano. Físico. Didática

Fonte: Produção própria 2010

6.7 METODOLOGIA DE DESENVOLVIMENTO DE PROPOSTAS

Para o desenvolvimento da proposta, a abordagem sistémica é proposta de modo a facilitar o estudo e a compreensão das actividades agrícolas da NUDE "19 de abril" através da implementação de ferramentas de participação que permitem conhecer e reconhecer a integridade ou as inter-relações entre as partes da NUDE "19 de abril", bem como o estado de proteção e produção dos recursos, os níveis de organização do impacto na comunidade, a integridade ou inter-relações entre as partes do NUDE "19 de abril", bem como o estado de proteção e produção dos recursos, os níveis de organização do impacto na comunidade, por isso, insere-se na dinâmica metodológica da pesquisa-ação participativa e da dialética.

Segundo Salazar (1999) e Fals (2000), é uma metodologia que implementa processos emancipatórios destinados a melhorar a possibilidade de mudar uma determinada situação e a desenvolver o pensamento criativo através do "aprender fazendo", utilizando técnicas de participação e de ação colectiva.

6.8 DETERMINAÇÃO DOS RECURSOS

6.8.1 TALENTO HUMANO

Para o desenvolvimento do Sistema Integrado de Produção Agrícola, contamos com os membros da cooperativa, com as instituições que apoiam a organização social, a formação técnica produtiva, a educação e outras (CIARA, INSAI, INDER, UBV , FUNDACOMUNAL).

6.8.2 RECURSOS MATERIAIS

O equipamento a utilizar divide-se em equipamento tecnicamente produtivo e equipamento didático.

Técnica e produtiva :

1. Sementes para as diferentes culturas a cultivar no subsistema de produção de hortas.
2. Cinco vacas e um touro para desenvolver o negócio da carne de bovino.
3. Cinco porcas e um garanhão.
4. 100 alevins para o arranque da maternidade.
5. Malas para a creche.

6. Fundos para a apicultura.

Carácter educativo :

1. Papel gigante
2. Painel acústico.
3. Quadros de avisos.
4. Vídeo ben.
5. Rascunhos.
6. Folhas de papel.
7. Televisão e DVD.

6.8.3 RECURSOS FINANCEIROS

A fim de obter recursos financeiros para a proposta, prevê-se o refinanciamento do empréstimo concedido ao NUDE "19 de abril" pela nova política de estímulo dos Núcleos de

Desenvolvimento endógeno a nível nacional através da adaptação do projeto inicial à criação de sistemas integrados de produção agrícola com uma abordagem agro-ecológica para promover a segurança alimentar e desenvolver uma agricultura sustentável que preserve o ecossistema e os recursos naturais.

6.9 ORÇAMENTO

O orçamento destinado à elaboração da proposta corresponde a um refinanciamento de 50% do montante do empréstimo inicial NUDE de 19 de abril.

6.10 PLANO DE EXECUÇÃO

O calendário de execução da proposta deve ser repartido por um período de dois anos e incluir as seguintes actividades.

1. PARTE :

   1° ano.

a) Desenvolvimento do subsistema " instalação", que inclui Culturas como os produtos hortícolas e as pastagens, leguminosas, árvores de fruto, silvicultura e tubérculos, e Origem dos alimentos - humanos e animais.
b) Desenvolvimento do subsistema "animais", começando pela produção de suínos e pelo saneamento prévio das explorações suinícolas, bem como pela produção de bovinos.
c) Desenvolvimento de subsistemas para a produção de fertilizantes resíduos orgânicos através da vermicultura e da reciclagem de resíduos animais e vegetais.
d) Desenvolvimento da apicultura.

2 PARTE

2º ano.

a) Desenvolvimento do subsistema "piscicultura".
b) Desenvolvimento do subsistema "Aves de capoeira
c) Desenvolvimento do subsistema de valor acrescentado

6.11 EXEQUIBILIDADE OU VIABILIDADE DA PROPOSTA

A proposta de criação de um sistema integrado de produção agrícola de base agro-ecológica é viável e exequível, uma vez que se trata de pôr em prática um novo modelo de produção agrícola que preserva o ambiente e os recursos naturais e que explora as potencialidades do sector para fomentar o desenvolvimento endógeno e finalizar o desenvolvimento de um projeto sócio-comunitário, que não só garanta a soberania alimentar, como também sensibilize os produtores agrícolas para a necessidade de preservar os recursos naturais, adoptando práticas agroecológicas que contribuam para minimizar a utilização de agroquímicos, reduzir a degradação dos solos e preservar a biodiversidade.

Esta abordagem tem em conta os conhecimentos ancestrais, a utilização racional dos recursos dos agro-ecossistemas, a proteção e conservação da água, a diversificação da produção, a maximização da utilização dos recursos internos da unidade de produção e a minimização da utilização de recursos externos, sem esquecer a importância das pessoas como elemento fundamental para a mudança.

6.12 VANTAGENS DA PROPOSTA

1. As acções levadas a cabo com a plena participação social das próprias comunidades provocam mudanças profundas nas zonas rurais, uma vez que se centram no desenvolvimento de projectos participativos para pequenas e médias explorações agrícolas, ajudando as comunidades a alcançar a autossuficiência alimentar.

2. A promoção da criação de sistemas integrados de produção agrícola deve conciliar os aspectos técnicos da produção, a organização social, os valores culturais, a preservação do ambiente e da biodiversidade, a fim de permitir à biodiversidade explorar as potencialidades locais, favorecendo a transição para um sistema de produção local.
monocultura convencional ou sistema diversificado diversificado ou
agro-ecologia, a fim de garantir uma produção de qualidade e a sua segurança.
Autossuficiência alimentar.

3. A abordagem agro-ecológica, inspirada nos Sistemas Integrados de Produção Agrícola, assenta no princípio de que o mais importante é que o indivíduo, a família, a comunidade ou a organização adaptem estratégias para satisfazer as suas próprias necessidades e promover as suas próprias virtudes e riquezas. Por outras palavras, a implementação do FAPS deve ser vista como um instrumento sócio-produtivo que promove o equilíbrio e a complementaridade entre a proteção e a produção de recursos, a produção e a organização, a organização e a defesa de interesses, a defesa de interesses e o empowerment dos indivíduos e das comunidades.

REFERÊNCIAS BIBLIOGRÁFICAS

Altieri, M. (1999) Bases cientificas para una agricultura sustentable Montevideo. Uruguai.

Altieri, M. (2000) "iPor que estudiar la agroecolog^a?", in Agroecolog^a y Agricultura Sostenible. Modulo I. Agroecologia: Bases Históricas e Teóricas. Centro de Estudos de Agricultura Sustentável do Instituto Superior de Ciências Agropecuárias da Habana.

Altieri, M. (1997) Fundamentos filosóficos y científicos de la agroecología. Santiago de Chile. Chile.

Altieri, M. e Letourneau S. (1994) Perspectives agro-écologiques. Biodiversidade e conceção agro-ecológica. Gestão integrada de pragas e agricultura. Costa Rica.

Arias, F. (2006) O projeto de investigação. Introdução à metodologia científica. Quinta edição. Episteme Editorial. Caracas Venezuela.

Badillo, J. (1995) Taxonomic keys to plant and animal species.

Balestrini, M. (2006) Como se elabora el proyecto de investigacion. Caracas.

Casado, G. (1997) Towards the development of a participatory methodology for agro-ecological transition at local community level. Córdova, Espanha.

Casado, G. (1999) La investigacion participativa en agroecolog^a; una herramienta para el desarrollo sustentable. Consorcio Centro de investigacion y formacion de agricultura ecologica y desarrollo rural. Santa Fe. Granada.

Casado, G. (2004) Introdução à agroecologia como desenvolvimento rural sustentável. Mundi prensa Madrid.

Casanova, E. (2003) Sustainable agriculture and soil fertility.

Centeno, J. (2000) Forests of Venezuela. El desarrollo Forestal de Venezuela. Mérida.

Chauran N, Gomez C e Nieves A. (2001). "Caracterização dos sistemas de produção agrícola na localidade de La Guanota, município de Caripe, Estado de Monagas". Memorias VII Congreso Cientifico UDO, Nucleo Nueva Esparta.

Comerma, J. e Paredes, R. (1998) Principais limitações e potencialidades agrícolas das terras na Venezuela. Agronomia Tropical.

Constituição da República Bolivariana da Venezuela (1999) Diário Oficial da República, 36.860. 12 de dezembro de 1999.

Fals, B. Investigação-ação participativa. Acción y Conocimiento. Colômbia. 2000.

Fernando C. (2008) Sistemas de produção para a agricultura, pecuária, silvicultura, aquacultura e pesca. Documento de investigação. Lmeas de investigación de sistemas y producción. México.

Funtowic, S. (1994) Epistemologia poHtica: Ciencia con la gente. Buenos Aires: Centro Editor de America Latina.

Garda, R. (2004) Al andar se hace camino. Guia para o desenvolvimento de processos de autossuficiência no âmbito das medidas agro-ambientais. Colômbia.

Garrido J (2007). O projeto de investigação. Metodologia de compreensão e investigação HoKstic. Ediciones Quiron. Caracas Venezuela.

Gliessman, S. (2002) Agroecolog^a: Procesos Ecologicos en Agricultura Sostenible. Turrialba, Costa Rica.

GuionL . (2002). Triangulação: determinar a validade dos dados qualitativos. Estudos de caso. Acedido em 5 de agosto de 2010. Disponível em http// edis.ifus.ufl.edu.

Guzman, M (2000) Las metodologias participativas de investigación: Un aporte al desarrollo local endogeno. Pamplona.

Hurtado, J. (2008) Le projet de recherche : méthodologie de la investigação de alto nível. Quarta edição. Bogotá.

Kaimowitz, D. (1997) Tecnolog^a Agncola Sostenible: retos institucionales y metodologicos dos estudios de casos en Colombia. Série documentos de

Debate sobre agricultura sustentável e recursos naturais. IICA (CONFERÊNCIA INTERNACIONAL SOBRE AGRICULTURA BIOLÓGICA). San José. Costa Rica.

La Roche A. (2006). Caracterização das estratégias de subsistência e das tecnologias agroflorestais dos agregados familiares em Esparza Costa Rica. Dissertação final. Programa de educação e conservação.

Lei de terras e desenvolvimento agrícola. Diário Oficial Extraordinário da República Bolivariana da Venezuela n.º 5890, julho de 2008.

Direito ecológico da segurança e da soberania alimentar. 2008. Diário Oficial da República Bolivariana da Venezuela nº 5.891, julho de 2008.

Leyva, A. e Pohlan, J. (2000) Agroecology in the tropics. Exemplos de Cuba. Diversidade biológica das plantas - como preservá-la e multiplicá-la.

Manual de classificação dos solos. 1988 Fundação Shell. Venezuela.

Nunez, M (2007) Por una poHtica agroecologica: La agroecología en la Soberania Agroalimentaria Venezolana. Mérida.

Nunez, M. (2002) Proposta de desenvolvimento rural sustentável. Venezuela. Caracas.

Nunez, M (1999) Alternativas tecnológicas de produção agro-ecológica. Manuais de educação e formação ambiental. D.F. México.

Food and Agriculture Organization of the United Nations (1998) Evaluation of land for irrigated agriculture. Boletim do Solo N55. Roma, Itália.

Projeto Nacional Simon Primeiro plano socialista .
Desenvolvimento
Economico Social de la Nación. Caracas, setembro de 2007.

Ram^ez T. (2007)Comment faire pour unproyectodeCaracas . Editado por Panapo.

Ram^ez, T (2007) Comment mener une recherche sur un projetEditorial Panapo. Caracas.

Restrepo, J. (2000) Agroecologia. Universidad Nacional de Colombia e Fundacion para la Investigacion y el Desarrollo Agncola. Centro de Desenvolvimento Agrícola e Florestal, INC. Colômbia.

Revolucionar a Venezuela rural. A caminho da soberania Indústria alimentar. Fundação CIARA 2008.

Rodriguez, R. (2007) Agricultura Tropical com Enfoque Humano e Visão Sistémica. Villavicencio Colômbia.

Salazar, M. Investigação-ação participativa. Início e desenvolvimento. Biblioteca de Educação de Adultos. Tachira. Venezuela. 1999

Sarmiento E. (2007). Caracterização dos sistemas de produção na zona rural de Guavio. Trabalho de investigação para o Acordo sobre o Património Natural.

Corpoguavio Emgesa. Conservação da natureza e produção agrícola na zona de Guavio. Colômbia

Sevilla, E. (2001) Agroecologia e desenvolvimento rural sustentável: uma proposta da América Latina.

Suquilanda, M. (1999) Agricultura Organica: Alternativa tecnologica para el futuro. Fundação para o Desenvolvimento Rural. Quito Equador.

Torres G. (1996). Manejo da savana venezuelana, problemas e perspectivas. Série D. San Fernando de Apure. Venezuela.

Veliz A. (2009) Como hacer y defender una tesis. Caracas. Editorial Texto.

Vilcher, A. Ferramentas para empresários. 2008.

MIX
Papier aus verantwortungsvollen Quellen
Paper from responsible sources
FSC® C105338

Printed by Books on Demand GmbH, Norderstedt / Germany